FROM 天文小白 TO 观星大咖

星瀚花海

华海田园　组编

中国水利水电出版社
www.waterpub.com.cn

·北京·

内 容 提 要

本书为供大众阅读的天文观测科普读物，内容包括天体与天象、主要观测方法及实践建议。本书在编排过程中，遵循教育心理学和科普传播的一般规律，精心编排栏目，大量实践活动实例和相关历史人文轶事与知识交织相伴、贯穿全书，丰富了本书的人文内涵，激发了读者对天文的兴趣。

本书图文并茂，寓教于乐，书中大量精美插图为作者在天文观测基地实地拍摄而成，具有较高的观赏价值。

图书在版编目（CIP）数据

星瀚花海 / 华海田园组编. —— 北京：中国水利水电出版社，2021.11
ISBN 978-7-5226-0170-0

Ⅰ. ①星… Ⅱ. ①华… Ⅲ. ①天文观测—普及读物
Ⅳ. ①P12-49

中国版本图书馆CIP数据核字(2021)第211144号

书　　名	星瀚花海 XINGHAN HUAHAI	
作　　者	华海田园　组编	
出版发行	中国水利水电出版社 （北京市海淀区玉渊潭南路 1 号 D 座　100038） 网址：www.waterpub.com.cn E-mail：sales@waterpub.com.cn 电话：（010）68367658（营销中心）	
经　　售	北京科水图书销售中心（零售） 电话：（010）88383994、63202643、68545874 全国各地新华书店和相关出版物销售网点	
排　　版	中国水利水电出版社装帧出版部	
印　　刷	清淞永业（天津）印刷有限公司	
规　　格	184mm×260mm　16 开本　11 印张　221 千字	
版　　次	2021 年 11 月第 1 版　2021 年 11 月第 1 次印刷	
定　　价	68.00 元	

凡购买我社图书，如有缺页、倒页、脱页的，本社营销中心负责调换
版权所有·侵权必究

编委会

主　　　任	田海涛
委　　　员	车惠利　刘　博　李春凤　张亚娟
文字编撰	朱　江　贾贵山　尹相东　生志昊
太空插画主创	喻京川
摄　　　影	朱　进　尹相东　刘博洋　詹　想　白静原
	沈　建　史学东　孔庆程　宋桂兰　林子轩
	郭子越　张及晨　杨雨龙　王军凯
专家顾问	何香涛　蓝松竹

序

博大精深的天文学与我们的生活有着千丝万缕的联系。作为终生从事天文学研究和教学的天文学家，我到过许多闻名世界的天文台，如英国的爱丁堡皇家天文台、美国的帕洛马天文台、夏威夷的莫纳克亚天文台、澳大利亚的英澳天文台等，结识了不少世界各国的业内专家学者，也见识过不同类型的对公众开放用于天文观测的天文台，其中包括私人企业家资助建设的天文台。

对公众开放用于天文观测的天文台在天文科普中起到了举足轻重的作用。令人欣喜的是，在北京郊区，我见到了类似的地方——华海田园天文科普教育基地。

由于华海田园与北京师范大学天文系的合作意向，我到这里做了一次调研。我了解到，作为一个乡村私企，华海田园依托当地适合观星的有利条件，以天文特色项目推动乡村产业发展，在各级政府、北京市科学技术协会等的支持下，已经建成初具规模的天文科普及观测实践基地，有一定数量和不同档次的天文望远镜，有专业的科普展室和天象厅，还有一支长期从事天文科普工作的专家团队。

2018 年和 2019 年，我先后两次受邀出席了第二届和第三届"北京·延庆天文科普发展论坛"，签订了北京师范大学天文系与延庆区第三中学、旧县镇中心小学天文科普教育合作协议，并在论坛上做了两场天文科普报告。

在论坛上，我被那些活跃在基层的老师们所感动，他们在软硬件条件都还不很完善的情况下，在自己的业余时间里，无私奉献，发奋进取，带领着孩子们努力探索天文的奥秘。

我衷心地期盼，中国未来的天文新星能从这里升起。

北京师范大学天文系教授 何香涛

2021 年 7 月

前　言

　　无论是在年轻的还是已经不年轻的朋友心中，也许都曾有一个繁星璀璨的梦。当我们长期生活在车水马龙、人潮汹涌的繁华都市中时，常常会产生"偷得一日闲，找个远离喧嚣的地方，看一看静夜里的浩瀚星河"的念头，而城市夜晚的灯光污染使得抬头看星成为了一种奢望。

　　可喜的是，就在北京延庆区旧县镇北张庄村附近，北京城以北约90公里处，军都山脉阻隔了北京城区的强光干扰，又因处于上风处而少有雾霾，交通便利，从而成为京郊优良的观星场所。

　　2015年，在北京市科学技术协会、北京市科学技术委员会、延庆区政府、旧县镇政府的鼎力支持下，在此成立了天文科普教育实践基地。几年来，基地建设得到了国家天文台、中国天文学会、北京天文馆、北京科学中心、北京师范大学天文系等权威专业机构的多方支持，现建有天象厅、天文体验活动室、天文望远镜展室、天文科普展厅等，有各类天文望远镜100余台，同时有适合不同需求爱好者的观测平台、远程天文台等，可满足不同层次的爱好者使用，并拥有一个多年从事天文科普工作的专家团队，一年四季都可以为来基地参与活动的人员提供专业讲解和观测技术方面的指导。

　　你想知道天上的那些星星叫什么名字吗？你想知道怎样利用星星辨别方向吗？也许你希望享受一个更浪漫的夜晚，和心爱的人一起赏月、看银河、数星星，看如雨的流星在夜空划过，许下美好的诺言，可那么多星星要怎么数，怎么辨认，什么时候能看到更多的流星，什么时候可以看到月亮不同的身影，什么时候能够看到灿烂的银河……神奇的宇宙有着众多的秘密等着我们去探索，美丽的天体，我们可以自己用望远镜搜寻和观察它们，用照相机记录下它们……

在华海田园天文科普教育基地，这些都不是难事，一批又一批中小学生、天文爱好者在基地收获了美妙的观星体验，以及漂亮的星空照片。

本书为喜爱星空而又充满好奇的你量身打造，由多位具有多年天文科普教育经验的老师编写，放在手边翻阅能随时为你答疑解惑，让你在赞叹星空壮丽的同时，了解其中的奥秘。

在多少个不眠的夜晚，我们在基地和小爱好者、大爱好者、老爱好者们一起仰望星空，用望远镜看月亮、金星、火星、木星、土星、漂亮的星云……曾记得，那冰封雪覆的冬夜，我们和一群小爱好者守望了两夜。第二夜，一个小爱好者和笔者的对话至今难忘……

C："明天我妈妈要来接我了。"

M："怎么了？"

C："我真想再住一晚。"

M："没看够？"

C："想让我妈妈也看看，没想到在离北京这么近的地方能看到这么美的星空！"

让我们一起仰望星空吧，你会有惊喜的！

作者

2021 年 10 月

目 录

第一章

准备观测 ABC

一、天文观测的基本条件

对于长期生活在城市的人来说，观星是一件比较奢侈的事，要想很好地观赏许多天体和天象，都需要走出市区。

影响观星的因素主要有哪些？我们要到哪里才能更好地观星？选择什么时间去？本节将对这些问题进行解答说明。

在天文观测中，了解观测地的地理位置是非常必要的。因为地球是个球体，而且在不断运动，同一天象在位于地球不同位置上的人来说，观测结果是有差异的。

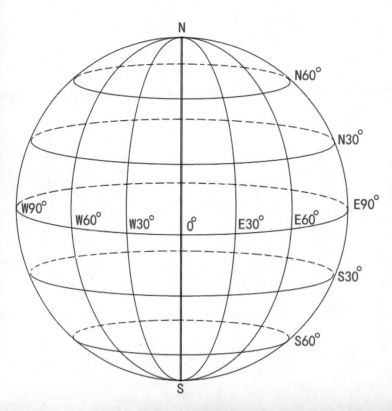

图 1-1-1　地理坐标

1. 地理坐标

★南极和北极

如图 1-1-1 所示，地球自转轴与地球表面相交的两点为南极 S 和北极 N，其中指向北天极的是北极。

★赤道

在地球表面到南北极距离相等的大圆为赤道。

★纬线和纬度

在地球表面与赤道平行的小圆和赤道都被称为纬线。

纬度是纬线的名称，以角度计量。从赤道到南北极各划分 90°，北半球为北纬，南半球为南纬。赤道是一条特殊的纬线，纬度为 0°；北极点为北纬 90°，南极点为南纬 90°。

★经线和经度

在地球表面连接南北两极的大圆弧是经线，每条经线是半个圆弧。经线也被称为子午线。

经度是经线的名称，以角度计量，从 0° 经线向东西各划分 180°，向东的为东经，向西的为西经，0° 和 180° 不分东西经。

★本初子午线

0° 经线也被称为本初子午线。1884 年在华盛顿举行的国际子午线会议决定，采用英国伦敦格林尼治天文台原址的埃里中星仪所在的经线作为经线计量的标准参考子午线。

★北京的地理位置

通常说的北京的地理位置是北纬 40°，东经 116°。

事实上，如果以北京天安门广场的旗杆所在的位置计量，北京的位置应该是北纬 39°54'40"，东经 116°23'23"。

★天文科普基地的地理位置

北纬 40°35'25"，东经 116°4'20"。

北京属于中纬度地区，星空千变万化，非常适合天文爱好者在此探索发现。

2. 天气条件

晴天是天文观测的必要条件，因此，一地的晴天几率是天文观测首要考虑的因素。大气能见度对天文观测的质量影响也不容忽视。

能够降低大气能见度的主要因素是雾和霾。

雾是由大量悬浮在近地面空气中的微小水滴或冰晶组成的气溶胶系统。多出现于秋冬季节，是近地面层空气中水汽凝结（或凝华）的产物。

雾的存在会降低大气透明度，水平能见度低于 1000 米，就被称为雾。水平能见度在 1000~10000 米的称为轻雾或霭。

雾与大气中的水汽含量有关，还与气温日变化密切相关。大气中的水汽在气温降低时可能凝结成雾滴，因此，温度露点差是预测雾的指标。一日里的降温是以夜间为主的，后半夜尤甚。因此，雾对天文观测影响显著。

空气中的灰尘、硫酸、硝酸等颗粒物组成的气溶胶系统造成视觉障碍的叫霾。PM2.5（直径小于等于 2.5 微米的颗粒物）被认为是造成雾霾天气的"元凶"。

大气中的水汽凝结条件除了温度还有凝结核，即大气中的固体微粒以及硫酸、硝酸、有机碳氢化合物等气溶胶颗粒。烟、尘、汽车尾气等大气污染物会降低大气的能见度，同时还会加速雾的形成。

当大气清洁度高时，即使达到露点，也不会马上凝结成雾。但是如果有大量凝结核存在，相对湿度没有达到 100% 也有可能出现雾。

大气稳定度也是天文观测需要考虑的条件。对于有视面的天体，如行星、星云、星系等，大气稳定度是我们能否使用天文望远镜很好地观测它们，以及使用摄影设备拍摄好它们的重要条件之一。

★天文科普基地的天气特征

华海田园天文科普教育基地地处延庆盆地北部边缘，气候相对干燥，是北京晴天概率最高的区域；由于有军都山脉的山峦阻隔，北京城市的大气污染很少波及这里，雾霾天气相对较少；盆地北部边缘夜间以下沉气流为主，导致大气稳定度相对较高。这些都为天文观测创造了有利于条件。

3. 地面光干扰

地面光干扰是天文观测必须考虑的重要因素。然而，地面光干扰受大气清洁度影响很大。大气中的各种污染物颗粒会严重散射地面光，加剧光污染。

华海田园天文科普教育基地不受北京城的光污染影响，但是延庆城区及附近村镇及其他设施带来的光污染还是不少的。但因大气清洁度比较高，散射作用相对较弱，光污染的危害主要影响南部及西南部低空天区，天顶附近及北部天区基本不受光污染干扰，观星条件十分有利（见图 1-1-2）。

图 1-1-2　基地北部天区

二、天上的世界——星座

1. 星座

为了便于记忆星星的位置，古人将夜空中的星星编成组，把它们想象成各种动物、人物或者器物，这就是星座的由来。

不同国家因文化传统等的差异，对星座有不同的划分方法。目前，国际通用的星座是以古希腊星座为基础确定的，其星图是将全天的星星划分为 88 个星座。

一些星座是希腊神话中的天神，如仙王座、仙后座、仙女座、英仙座、猎户座、武仙座、蛇夫座、御夫座、牧夫座、室女座、宝瓶座、双子座等，还有不少星座是用动物来命名的，如大熊座、小熊座、大犬座、小犬座、海豚座、飞马座等，它们是希腊神话故事中的神兽，还有一些是半人半兽的怪物，如人马座等。

2. 拱极星座

如图1-2-1所示，在中纬度地区，有一些星座是永不落下地平线的，这就是位于天极附近的那些星座。北天极附近的星座也被称为皇族星座。

★ 大熊座（Ursa Major）

大熊座中北斗七星(Big Dipper)即 α、β、γ、δ、ε、ζ、η 为其主体，斗柄是熊尾巴（见图1-2-2）。

图1-2-1 拱极星座

图1-2-2 北斗七星

★ 小熊座（Ursa Minor）

小熊座中有7颗主要亮星也排列成斗形，中国古代也称其为"小北斗"。位于斗柄末端的 α 即北极星，是小熊的尾巴尖，也是小熊座最亮的星。小熊座 β 也是二等星（见图1-2-4）。

★北极星（Polaris）

大熊座 α、β 为指极星，以这两颗星向外延伸五倍距离，就可以找到北极星。

北极星中国古人称其为勾陈一，又称天皇大帝。

北极星位于北天极附近，是距离北天极最近的一颗亮星，是目视认星辨向的标志。

在北半球，北极星指示了正北方，而且其高度等于观测地的地理纬度（见图1-2-3）。

★仙后座（Cassiopeia）

仙后座是北天极附近另一个容易辨认的星座，其中5颗亮星 α、β、γ、δ、ε 排列成英文字母"W"形。

仙后座和北斗七星分列于北极星的两侧，所以，通常我们看到北斗时，就不容易看全仙后座，而看不全北斗时，仙后座就成了寻找北极星的辅助星座。连接仙后座 α 和 χ，在其延长线上就能找到北极星（见图1-2-3）。

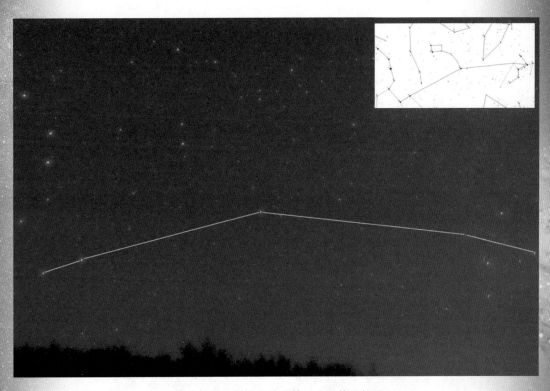

图 1-2-3　利用北斗和仙后座寻找北极星

★仙王座（Cepheus）

在希腊神话中，仙王和仙后是一对夫妻，它们紧挨着。仙王座在仙后座的西边，其中5颗亮星排列成上尖下方的五边形，好像西方古代国王的王冠。

这里所说的西边在天空上看起来并不总是在西方，必须注意是以北极星为参照点的西边。或者说当仙王和仙后高于北极星时，看起来是仙王在西边，而当它们低于北

7

极星时，仙王就跑到东边去了。但是如果我们从星空来说，仙王仍旧是在西边。只要注意到星空的方位是上北下南左东右西就对上了。

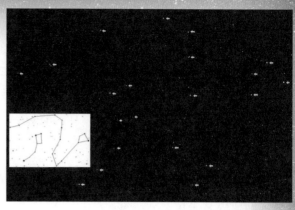

图 1-2-4　天龙座和小熊座

★天龙座（Draco）

天龙座的 10 多颗亮星盘旋形成龙形，龙头朝外，由 4 颗星组成，龙尾在大熊座和小熊座之间，位于龙头的 γ 是二等星，也是本星座最亮的一颗星，此外还有 β、δ、ζ、η、ι 5 颗三等星，而位于龙尾附近的 α 只是一颗四等星（见图 1-2-4）。

3.黄道十二宫

黄道是我们在地球上看到太阳在星空中运行所走过的轨迹，如图 1-2-5 所示。大约 2000 年前，古代西方人将黄道平均分为十二等份，将每一份向南北各延伸 8° 的范围称为"宫"，用宫内的主要星座命名，即"黄道十二宫"。即：宝瓶宫（1 月 21 日—2 月 19 日）、双鱼宫（2 月 20 日—3 月 20 日）、白羊宫（3 月 21 日—4 月 20 日）、金牛宫（4 月 21 日—5 月 22 日）、双子宫（5 月 23 日—6 月 21 日）、巨蟹宫（6 月 22 日—7 月 22 日）、狮子宫（7 月 23 日—8 月 22 日）、室女宫（8 月 23 日—9 月 22 日）、

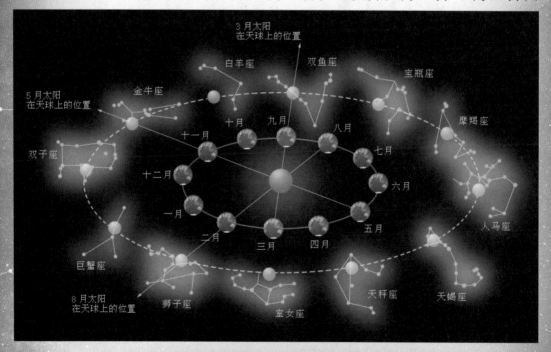

图 1-2-5　黄道十二星座与日地相对位置示意图

天秤宫（9月23日—10月22日）、天蝎宫（10月23日—11月21日）、人马宫即"射手座"（11月22日—12月21日）、摩羯宫（12月22日—1月20日），括号中是太阳在其中大致的时间（见图 1-2-5）。

"黄道十二宫"和我们现在看到太阳在星空中运行所穿过的 12 个主要星座正好相差了一个星座，这是由于 2000 年来春分点的位置已经向西移动了大约 30°，即从白羊座移动到了双鱼座。也就是说，如果你是白羊宫的，你的生日那天，太阳正在双鱼座内运行。

我们在傍晚天刚黑时正好可以看到大约 3 个月后太阳所在的星座在正南方。即 1 月白羊，2 月金牛，以此类推。

实践提示

观星的一个主要作用是可以帮助我们确定方向，在野外陌生的环境中，如果你迷路了，可以利用星空确定方向。而最重要的参照点就是北极星。

通过本节的内容，你可以尝试在不同季节寻找北极星，然后认识更多的星座。

常言道，斗转星移。通过观察拱极星座，你是否能发现斗转星移的奥秘？

黄道星座的高度随着季节有明显变化。你又是否注意到了哪几个黄道星座我们能看到它们能升到比较高的位置，又有哪几个星座升到最高时也很低？想一想这是为什么？

4. 四季星空

星空是随着时间不断流转的，所谓四季星空，指的是某一季节天黑后不久的星空。例如春季星空一般是指 4 月中旬 21 时左右的星空，而每相差一个月，我们在夜晚看到同样星空的时间就大约相差 2 个小时，即 3 月中旬，我们是在 23 时看到春季星空，而在 5 月中旬，是在 19 时看到同样的星空。也可以这样说，如果在 4 月中旬的凌晨 3 时，我们就可以看到 7 月中旬 21 时左右的星空，也就是夏季星空。

★春季星空

春季星空最容易辨认的是狮子座和牧夫座（见图 1-2-6）。

在 4 月中旬的傍晚八九点时，我们会看到北斗七星高挂在东偏北方的天空，从北斗七星的斗柄向东南方向延伸，在正东方，我们可以找到牧夫座 α（大角），它是春季星空中最明亮的恒星。

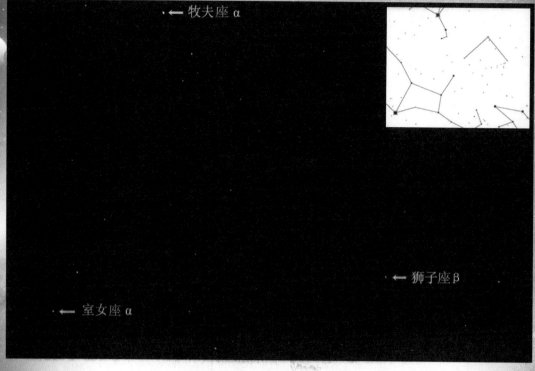

图 1-2-6　春季大三角

从北斗七星到大角，再到室女座 α（角宿一），是一个圆滑的大弧线，这是春季星空的重要标志之一——春季大弧线。

牧夫座 α、室女座 α，再加上狮子座 β（五帝座一），即狮子尾巴尖上那颗二等星，则形成春季星空的另一个重要标志——春季大三角形。

在室女座以南，还有一个春季著名小星座——乌鸦座，它是春季南方低空很容易辨认的一个星座，由 4 颗三等星组成一个上窄下宽的梯形。

★夏季星空

夏季星空天顶附近有三个重要星座，即天琴座、天鹰座和天鹅座，三个星座中的 α 组成了夏季大三角（见图 1-2-7）。

天琴座 α（织女星）是 1 颗零等星，它是夏季夜空中最明亮的恒星。它的旁边有 1 颗三等星和 3 颗四等星组成了一个非常规整的平行四边形，被想象成了琴弦。

天鹰座 α（牛郎星）为一等星，它和 γ 是鹰头，θ 是鹰尾，ζ 和 δ、λ 形成的 "V" 字形为天鹰的翅膀。

天鹅座的主体部分是一个大十字形，它被想象为一只飞翔在银河上的巨型天鹅，其身体恰好与银河的方向一致，头（β）朝南，尾朝北，α（天津四）位于尾尖上，是一等星。μ、ζ、ε 和 δ、θ、ι、κ 分别为伸展的两翼。

夏季星空在南方低空还有两个重要的黄道星座，即天蝎座和人马座。

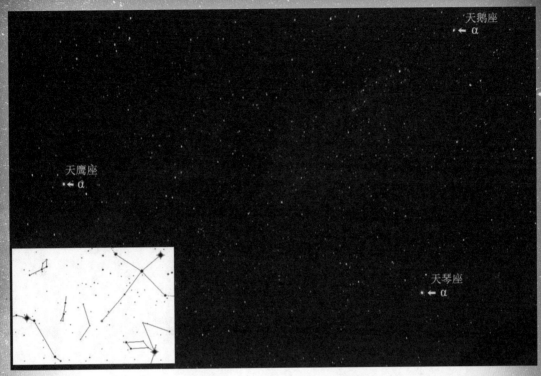

图 1-2-7　夏季大三角

　　如图 1-2-8 所示天蝎座是夏季最漂亮的星座，在北京地区，它的地平高度比较低，在高楼林立的城市中，即使没有辉煌的灯光，也很难看到它。而在视野开阔的郊外，天黑以后，可以在南方低空找到它。

　　天蝎座的形态很容易辨认，可以三颗星一组来认识它。它头朝西，3 颗三等星纵向排列，是头和两只钳子，中间横

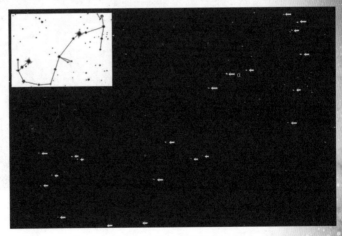

图 1-2-8　天蝎座

向排列的三颗星是胸部，红色的一等星 α（心宿二）是心，然后是纵向的三颗星接横向三颗星是蝎子尾，最后是向上弯曲的尾尖上的勾刺。

　　人马座也是一个地平高度难以升高的星座。它是一个上半身为人，下半身为马的神人，其前半部分是弓箭，由两个斗组成，中国古人称其为"斗"（南斗六星 ζ、τ、σ、φ、λ 和 μ）和"箕"（η、ε、δ、γ 和 χ）。

　　夏季的傍晚，当我们能看到明亮的银河时，顺着银河向南方看，银河以西是天蝎座，以东就是人马座了。

★秋季星空

四季星空中，秋季星空应该是最黯淡的，天顶附近没有一等亮星（见图1-2-9）。

秋季星空最显著的标志是由飞马座 α、β、γ 和仙女座 α 组成了一个大四边形。这匹飞马在我国看是头朝下的，α 和 γ 是飞马的翅膀，ε 和 θ 是马头，ζ 和 ξ 是马颈，从 β 分出两支，μ、λ、ι、κ 和 η、π 是马的两条前腿。

秋季星空唯一的一等星是南鱼座 α，每当 10 月下旬天黑以后，只要南方视野足够开阔，我们就可以在低空看到它。α 是鱼头，δ、β、ι、ε 4 颗四等星和其余几颗五等星组成了鱼身。

图 1-2-9　秋季星空

★冬季星空

寒冷的冬季夜晚，人们往往不太喜欢外出，可冬夜的星空却是最璀璨的。天顶附近一等以上的亮星有 7 颗之多（见图1-2-10 与图1-2-11）。

猎户座是冬季里最壮观的星座，这是一名勇武的猎人，他左手持盾牌，右手持木棒，正在与金牛搏斗。猎人的身体由 7 颗亮星组成，中间 3 颗靠得比较近的是 ζ（参宿一）、ε（参宿二）、δ（参宿三），是猎人的腰带，上面的 α（参宿四）、γ（参宿五）是左右肩，κ（参宿六）、β（参宿七）是左右脚。这 7 颗星中，α 是 1 颗亮度变化在 0~1 等之间的变星，β 是 1 颗零等星，其余 5 颗为二等星。在猎人的双肩之上，有几颗小星是猎人的头，在他的腰带下方，有一串纵向的小星，它们被想象成猎人的

图 1-2-10 冬季星空

佩剑，天气好的时候，我们会发现这里有一片模糊的云雾，这就是北半球肉眼可见的星云——猎户座星云。

在猎人的身后（东边），是他的两条忠实的猎犬——大犬和小犬。

大犬座 α（天狼星）是头，它是全天最亮的恒星，比一等星要亮 10 倍左右，此外，星座中有 4 颗二等星，β 前腿和 δ、ε 和 η 这个三角形是臀部和尾巴，2 颗三等星，ο 和 ζ，其中 ζ 是后腿。

小犬座 α（南河三）为犬身，是 1 颗零等星，β 为犬头，三等星，其余都是五等以下的暗星，其中 ζ 和其后的两颗星组成犬尾，δ 为后腿。

金牛座是一头威武的雄牛的上半身，一等星 α（毕宿五）是牛眼。在它的周围有一群小星组成的"V"字形，沿"V"字的两边向前延伸，是金牛的两只长角，上面那只角的顶端 β 是二等星，下面的 ζ 是三等星，μ、ν 和 ξ、ο 是四等星，分别为金牛的两条前腿。图 1-2-10 上金牛角前边那颗比天狼星还要亮的星是行星——木星，它是在星座中移动的，不会永远在那里。

双子座是一对孪生兄弟，他们并肩而立，最亮的 β（北河三）为一等星，α（北河二）为二等星，它们是两兄弟的头部，由此向西南延伸的两条主线为两兄弟的身体，底部横生向外的是他们的脚。

御夫座是一位牧羊人，御夫座的 4 颗星像一只风筝，加上金牛的一只角组成一个大五边形，很容易找到。御夫座 α（五车二）是零等星，在距离这颗星很近的地方有一个由 2 颗三等星和 1 颗四等星组成的小三角形，被想象成御夫背上趴着的一只小羊。

冬季星空的 7 颗一等以上亮星有两种组合，大犬座 α、小犬座 α、双子座 β、御夫座 α、金牛座 α 和猎户座 β 形成了一个南北略长的大六边形，被称为冬季大钻石。

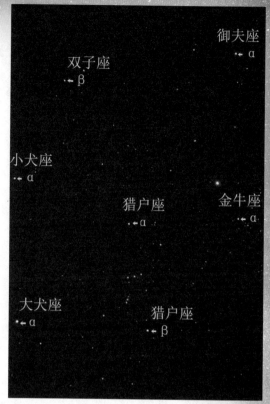

图 1-2-11 冬季大三角和大钻石

全天最亮的大犬座 α、小犬座 α，以及在钻石中心的亮星猎户座 α 又组成了一个等边三角形，被称为冬季大三角。

实践提示

观星一般要等天黑，在冬季和夏季日落时刻相差明显，冬季日落早，大约 16：55 就日落了；夏季日落晚，大约 19：50 才日落。一般日落后 1~2 小时天才完全黑，方可观星。

四季星空指的是每个季节中期傍晚适合观星时看到的星空。其实在同一日期，如果我们从傍晚一直观测到凌晨，就可以看到不同季节的星空。

例如，在 2020 年 1 月下旬，我们在基地做了一次彻夜观星活动（见图 1-2-12、图 1-2-13），傍晚我们看到的是冬季星空，猎户座、大犬座、小犬座、双子座、金牛座、御夫座等，到了午夜时分，就可以看到春季星空，狮子座已经升到很高,斗柄东指,春季大曲线连接了东方青龙的两只角——大角和角宿一,而到了凌晨,夏季银河都会升起到比较高的位置了,牛郎、织女也隔河相望了。由于冬季昼短夜长,而且全天可见亮星主要集中在冬春夏三季,所以仲冬时节观星,会给你惊喜的。

图 1-2-12　基地冬季傍晚的星空

图 1-2-13　1月下旬午夜东方星空

三、中国古代的星座——星宿

1. 星宿

星宿是中国古人划分天区的方法。

中国古代将看到的天区划分为三垣二十八宿。

三垣、四象二十八宿大约起源于殷代，周秦时期基本确定。当时，人们用二十八宿参照月球在星空中的位置，推定太阳的位置，并由太阳在二十八宿中的位置来测定一年中的季节。

2. 三垣

"垣"是城墙、城垣，三垣是古人认为的天上的城池，主要包括北天极附近的天区，即太微垣、紫微垣、天市垣。

太微垣：又称上垣，是天上的朝廷，主要包括室女、狮子等星座。

紫微垣：又称中垣，是天上的皇宫，主要包括小熊、天龙、仙王、仙后等星座，又称紫微宫（见图1-3-1）。

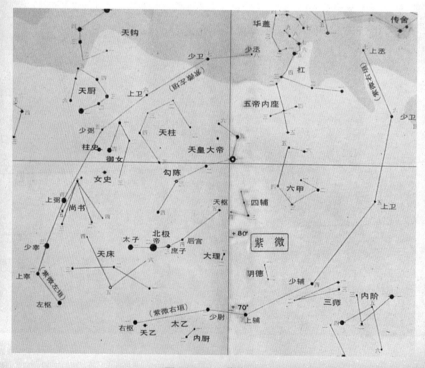

图1-3-1 紫微垣

紫微宫中的帝星位于当时的北天极附近，即小熊座 β，而今天的北极星名为勾陈一，又称天皇大帝。环绕帝星的是各种星官，以及拱卫天宫的垣墙——紫微左垣和紫微右垣。

天市垣：又称下垣，是天上的市场，主要包括蛇夫、巨蛇、武仙等星座。

3. 二十八宿

二十八宿是黄道和天赤道附近的天区，又被分为四组，每组七个星宿，称为四象。

中国古代的四象是四种具有神话色彩的动物，即东方青龙（苍龙）、南方朱鸟（朱雀）、西方白虎、北方玄武（双头龟蛇），这四种动物分别是道教所尊奉的东、南、西、北四方之神（见图 1-3-2 至图 1-3-5）。

东方七宿包括角、亢、氐（dī）、房、心（商）、尾、箕，相当于室女、天秤、天蝎、人马等星座。

西方七宿包括奎、娄、胃、昴、毕、觜（zī）、参，相当于仙女、白羊、金牛、猎户等星座。

南方七宿包括井、鬼、柳、星、张、翼、轸（zhěn），相当于双子、巨蟹、长蛇、乌鸦等星座。

北方七宿包括斗、牛、女、虚、危、室、壁，相当于摩羯、宝瓶、飞马等星座。

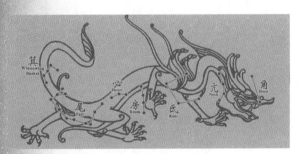

图 1-3-2　东方青龙

图 1-3-3　南方朱鸟

图 1-3-4　西方白虎

图 1-3-5　北方玄武

天文故事

从崇天祭日到羲和观象

中国古人很早就开始进行天文观测实践了。从现在的考古发现可以证实，天文观测几乎是与农业同时产生的。在河姆渡和仰韶出土的文物中都发现过绘有太阳图纹的器皿，在距今约5000年的大汶口文化陶尊上也发现刻有当时当地见到的日出景象。在良渚文化发现的陶文中有太阳纹、月亮纹和星象的图案，更说明当时已不仅仅是单纯地崇拜太阳，而是开始利用日、月、星辰的运动指导生产实践了。

传说在颛顼时代，就设有"火正"的官职，其职责是观测"大火"星（天蝎座 α）的出没，以确定农时。当"大火"在黄昏时升起，就要向皇帝报告，以通令全国开始春耕。按今天的天文学推算，约5000年前的颛顼时代，"大火"在黄昏升起时正是春耕时节，而岁差的影响已经使"大火"黄昏升起的时间越来越晚，现在它在黄昏升起时已是初夏6月了。而人们认识岁差则是在2700多年以后的晋代，所以，这种传说应该不是后人杜撰的。

到了尧帝时，星象观测已经不仅限于"大火"一星，《尚书·尧典》中明确记录了"尧命羲和，观天象，以定历法"。其方法是"日中星鸟，以殷仲春；日永星火，以正仲夏；宵中星虚，以殷仲秋；日短星昴，以正仲冬。"鸟、火、虚、昴分别为长蛇座 α 星、天蝎座 α 星、宝瓶座 β 星、金牛座 M45，是春分、夏至、秋分、冬至这四天傍晚时南方中天（过子午线）的星。日中、宵中指的都是昼夜等长，日永是白昼最长，日短是白昼最短。尧帝专门派了四个人在四个地方实地观测，以确定季节，羲仲在夷地观测日出以定春分，羲叔在南交测太阳高度以定夏至，和仲在昧谷观测日落定秋分，和叔在朔方测太阳高度定冬至，这四个人就合称羲和。他们在测日的同时，还观测星象和其他天象。

中国古代文学作品中的星宿

中国流传至今最早的民间文学作品《诗经》中多次出现过星宿星名，如《豳风·七月》中有"七月流火，九月授衣"，"火"就是"大火"；《召南·小星》中有"嘒彼小星，维参与昴"等。据统计，诗经中出现过的星宿有"心、箕、室、壁、毕、参(Shēn)、昴、斗"等八个星座，还有牛郎、织女等星名，说明那时在民间都有观星以确定时间、季节的。明末顾炎武曾说："三代之上，人人皆知天文。"其实，也是因为那时没有钟表，也没有日历，所以人们生产、生活需要就使其必须了解一些天文知识。

星宿与中国传统节日

中国传统节日中与星宿关系最密切的就是二月初二青龙节。这青龙就是四象中的东方青龙。每当农历二月初二夜幕降临之时，青龙的两只角——室女座的角宿一和牧夫座的大角就从东方升起，这就是"龙抬头"。

俗话说："二月二，龙抬头，大家小户使耕牛。"此时，大地解冻，春回大地，万物复苏，蛰伏在泥土或洞穴中的蛇虫小兽都将从冬眠中醒来，传说中的龙也在这一天从沉睡中苏醒，所以叫做"龙抬头"。一年之计在于春，此时正是农村一年当中最重要的时节，家家忙于备耕，古人认为，青龙的出现象征着风调雨顺，五谷丰登。

在西方，室女座是希腊神话中的农业女神，她手持镰刀和麦穗，角宿一就是她握着麦穗的右手，也是蕴含着祈祷农业丰收的意义。这与中国文化有异曲同工之妙。

传说此节起源于三皇之首伏羲氏时期。伏羲氏"重农桑，务耕田"，每年二月二这天，"皇娘送饭，御驾亲耕"，自理一亩三分地。后来黄帝、唐尧、虞舜、夏禹纷纷效法先王。直到清朝皇庭，还沿袭着这一传统。北京南城有先农坛，每年青龙节，皇帝要在那里祭拜农神，祈求风调雨顺，五谷丰登，同时举行御驾亲耕仪式，先农坛还有皇帝的那一亩三分地。

在我国传统中，中和节有许多习俗，熏虫儿、引龙，最有民族特色的还是饮食，中国的饮食花样丰富、色香味俱佳是闻名世界的，而中和节饮食的最大特色，则是它们的名字中都带有"龙"，饺子叫"龙耳"，春饼叫"龙鳞"，面条叫"龙须"。这一天还有一个最大的禁忌，再勤快的主妇在这一天也不能动针线，据说是怕伤了龙眼。

天上的宫阙

中国古人认为，天上的世界与地上的世界一样，也有皇宫——天庭（太微垣），后宫（紫微垣，又称紫微宫，被认为是天帝的宫殿所在，现在的北极星当时被称为"天皇大帝"），市井（天市垣）。

二十八宿的传说——参商不相

传说帝喾（kù）有两个儿子，一个叫实沈，一个叫阏（è）伯，兄弟俩不和，经常刀兵相见，后来帝尧把实沈迁到大夏，为参神，主参星，把阏伯迁到商丘，主商星，让他们永不相见。参星即参宿，指的是猎户座中间的三颗星，商星即心宿，指的是天蝎座中间的三颗星。

猎户是冬季的星座，天蝎是夏季的星座，所以它们在天空中几乎是相差整整180°，所以，总是此升彼落，不能同时出现在天空。

实践提示

对比中西方星座，看看二十八宿对应于哪些星座的哪些星？

对比中西方对星座的确认，哪些部分具有异曲同工之效？

宿是一个中国字中的一个多音字，它常用的音有三个，都与星宿有关。

"二十八宿"的意思是"月球每天在一个宿中宿一宿"。你知道在这句话中的三个宿字都怎么读吗？

第二章

天体及天象的观测

一、恒星

1. 恒星

恒星一般是质量足够大，能自己发光、发热的天体。

恒星在天空中的相对位置短时间内几乎不变。

★恒星的大小

恒星的体积差异很大，可在万亿倍以上，但质量差异并不是很大。

目前发现最小的恒星质量为 1/11 个太阳质量，超过太阳质量 60 倍的恒星数量则不超过 20 颗，船底座 η 是目前已知质量最大的恒星之一，约为太阳质量的 100~150 倍。

★恒星的颜色

恒星的颜色（见图 2-1-1）与其温度密切相关（见表 2-1-1）。

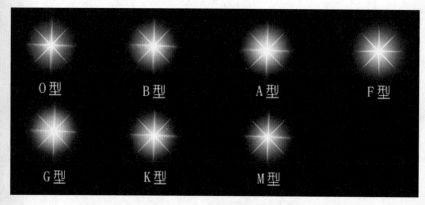

图 2-1-1 恒星的颜色

表 2-1-1 恒星的光谱型、颜色及表面温度的关系

光谱型	颜色	表面温度
M	红	3500~2500K
K	红橙	5000~3500K
G	黄	6000~5000K
F	黄白	7500~6000K
A	白	10000~7500K
B	蓝白	30000~10000K
O	蓝	40000~30000K

★恒星的形成

地球上的一切生物都有孕育、诞生、成长、衰老，最后死亡的生命过程。天文学家通过观察研究发现，恒星也有生老衰亡的"生命"过程。

恒星诞生于原始星云。星云凝聚收缩形成原恒星，当密度达到一定指标时，内部开始发生热核反应，随着核反应的加剧，开始发热发光，恒星就诞生了。

主序星

恒星稳定地发热发光的阶段被称为主序星阶段。

太阳现在的年龄大约是 50 亿岁，正处于稳定的主序星阶段。

★恒星的归宿

随着核燃料的消耗，恒星终有一天难以维持稳定，它就进入衰老期，这时，它的体积开始膨胀，亮度增大，温度却逐渐降低，这就是恒星的老年期——红巨星阶段（见图 2-1-3）。

当恒星不再发热发光，它就进入了生命的末年，可能变成白矮星、中子星甚至是黑洞。

恒星根据质量的大小分为大质量恒星和小质量恒星，它们的演化过程有明显的不同。

不同质量的恒星"寿命"是大不一样的，质量大的恒星寿命短，质量小的恒星寿命长。

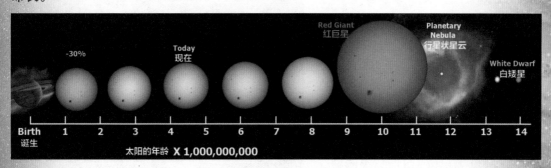

图 2-1-2　太阳的生命历程

太阳是一颗恒星，它的寿命大约有 100 亿年，比太阳大十几倍的恒星，寿命只有大约 1000 万年，而最小的恒星寿命可超过 1000 亿年（见图 2-1-2）。

以太阳质量的 8 倍为界，恒星的演化有两种不同归宿。

小质量恒星的演化阶段（小于等于太阳质量的 1/8）

原始星云→球状体→原恒星→主序星→红巨星→行星状星云（白矮星→黑矮星）

在白矮星的外面，常常包裹着大量弥漫气体——行星状星云。

大质量恒星的演化阶段（大于太阳质量 8 倍）

原始星云→球状体→原恒星→主序星→超巨星→新星（超新星）→中子星（黑洞）

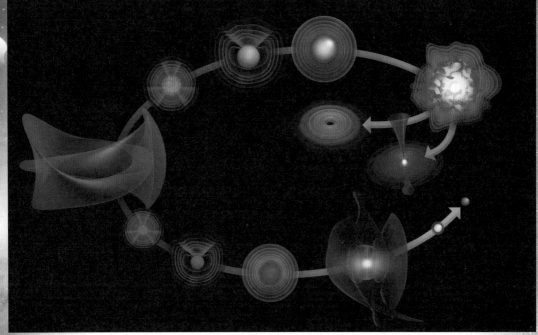

图 2-1-3　恒星演化示意图

赫罗图

　　赫罗图是由丹麦天文学家赫茨普龙和美国天文学家罗素分别于1911年和1913年各自独立提出的，因此称为赫罗图（见图2-1-4）。它是研究恒星演化的重要工具。

　　赫罗图是恒星的温度与光度关系图。

　　如图2-1-4，纵轴表示光度，以太阳的光度为单位，以指数级增减。

　　横轴为恒星的表面温度，单位为K，从左向右递减，其上的字母表示的是对应的光谱型。

　　中间自左上至右下的斜线是恒星聚集的区域，被称为主序星带，在这一带左下的区域为矮星带，右上的区域为巨星带。

　　赫罗图显示了主序星的温度与光度的正相关关系。随着光度的增

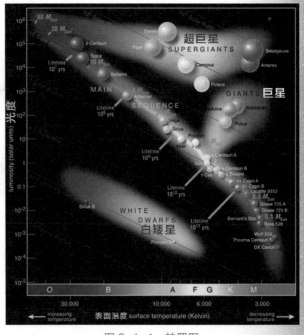

图 2-1-4　赫罗图

强，温度相应地增高，颜色呈现红—橙—黄—白—蓝的渐变。

主序星的光度还与其质量正相关，质量越大，光度越强，而其寿命则相反，质量越大，寿命越短。主序星序列上方标出了它们的质量，以一个太阳质量为单位，下方标出了它们对应的寿命，单位为地球年。太阳的寿命大约是 100 亿年，一颗大约 0.4 太阳质量的恒星的寿命可达 1000 亿年，如天鹅座 61，而一颗太阳质量 2 倍左右的恒星，其寿命则不到 10 亿年，如天狼星，再大的恒星，如角宿一，质量是太阳的十多倍，寿命只有大约 2000 万年。

实践提示

感受恒星的颜色

观测今夜星空，看看你是否能用肉眼直接感觉到恒星有不同的颜色（见图 2-1-5）。

利用双筒望远镜或天文望远镜寻找天空中的二等以上亮星，比较一下它们的颜色。

用照相机延时拍照星空，看看在照片上，恒星是否呈现出了不同的颜色。

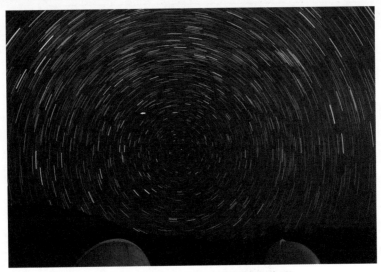

图 2-1-5　星轨呈现的不同颜色的恒星

2. 变星

变星（variable star）是光度有变化的恒星。

1844 年开始，按变星发现的时间顺序，以拉丁字母从 R 开始命名每一星座中的变星，当星座中的变星超过9个时，开始用双字母RR、RS……RZ、SS……SZ、TT……ZZ，AA……AZ、BB……QZ（不使用字母J）。

★变星的分类

按亮度变化原因，变星分为几何变星和物理变星两大类。

几何变星包括食变星、椭球变星和自转变星三大类。

物理变星包括脉动变星和爆发变星两大类。

★食变星

食变星主要包括英仙座β型（EA型）、天琴座β型（EB型）和大熊座W型（EW型）三类。

英仙座β型（大陵五型）：两个形状近似无变形的星（见图2-1-6）。

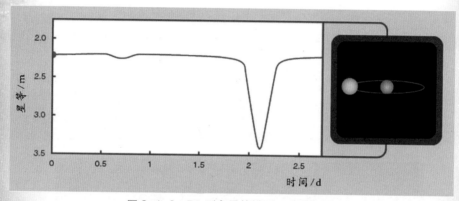

图2-1-6　EA型变星的模型及光变曲线

天琴座β型：由于两颗非常靠近，且亮度不等的星组成，它们的大气混合在了一起，星体由于引力作用而变为椭球状，亮度变化是连续的，深浅极小值相间，变幅不足2个星等（见图2-1-7）。

大熊座W型：与天琴座β型类似，只是两颗子星亮度近似相等，变光周期一般不到1天，变幅不足1个星等。

★椭球双星

图2-1-7　EB型变星的模型及光变曲线

椭球双星（Ell）由两颗椭球状子星组成。与食双星不同的是，它们并不出现掩食现象，只因公转导致位相变化而亮度发生变化。典型代表是英仙座b。

★自转变星

自转变星因自转而变光，又可分为猎犬座 α^2 型变星、氦变星、猎户座 FU 型变星、北冕座 R 型变星和独特变星等几类。

猎犬座 α^2 型变星多为磁星，也有的星表将其归入脉动变星。

氦变星是一类氦谱有变化的特殊星，典型代表是室女座 CU。

猎户座 FU 型变星是一类光度突然增大的特殊天体，典型代表是天鹅座 v1057。

北冕座 R 型变星则是一类光度突然变暗的高光度天体，典型代表是北冕座 R。

独特变星是一类待分类的变星，如后发座 W。

★脉动变星

脉动变星又称造父变星。是一类处于不稳定演化阶段的恒星。由于恒星有着周期性的胀缩，使其亮度也发生周期性的变化。

造父变星的变光周期和它的发光能力成正比。测量造父变星的变光周期，就可以得到恒星的绝对星等。再根据绝对星等和目视星等，就可以计算出恒星与我们的实际距离，所以造父变星又被称为"量天尺"。

脉动变星有很多种类型。

长周期造父型变星

经典造父型变星（C）：为一类高光度的年轻恒星，典型代表是仙王座 δ。变光周期一般在 1~55 天之间。

室女座 W 型变星（CW）：光度比经典造父型变星低一些的老年恒星，典型代表是室女座 W。变光周期一般在 2~45 天之间。

短周期造父型变星（RR）

短周期造父变星，为蓝巨星，光变周期为

图 2-1-8 长周期变星模拟图

0.05~1.5 天。典型代表是天琴座 RR。变光幅度小，一般不超过 2 个星等。

长周期变星 (M)（见图 2-1-8）

长周期变星是周期 80 天甚至超过 1000 天的一类老年型低温脉动变星，为红巨星或红超巨星，星等变幅一般大于 5 等，易于发现。典型代表是鲸鱼座 o，中名为刍藁增二，所以又称刍藁增二型变星。

长周期变星的亮度极大和极小以及变光周期都不是固定不变的。

鲸鱼座 o 有一个伴星——小白矮星（MiraB），两颗星相互绕行，伴星周围有个从脉动巨星吸过来物质所形成的吸积盘，如图 2-1-8，蓝色的星是小白矮星。

刍藁增二的变光周期为 310~355 天不等，平均 331.6 天，目视星等变幅从 2.5~10m 甚至更暗。

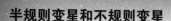

半规则变星和不规则变星

半规则变星的光变周期和不规则变星的光度变化都可能很不规律。

半规则变星为晚型巨星或超巨星。周期从数十天到若干年，光变幅度大约 1~2 等，有些可达到 4 个星等。主要有以参宿四为代表的晚型高光度星（SR）和金牛座 RV 型黄超巨星变星（RV）。

不规则变星（I）有牛座 T 型变星（晚型巨星）、猎户座星云变星等。

★ 爆发变星

激变变星（cataclysmic variable）或称为 CV 型变星：爆发性的恒星，包括新星、超新星、耀星和其他正在爆发的恒星。

耀星：耀变矮星，其亮度平时基本不变，有时会在几分钟甚至几秒钟内突然增亮，变光幅度从不足 1 个星等到 10 个星等以上，经过数十分钟后又慢慢复原。目前在太阳附近已经发现近 100 颗耀星，以鲸鱼座 UV 为代表。

鲸鱼座 UV：1948 年首次被发现，其亮度在 3 分钟内增加了 11 倍，1952 年，它再次爆发，其亮度在数分钟内增加了大约 100 倍，大约 2 小时后复原。

要查阅变星更多、更详细的信息，还可根据编号到星表（如 SAO）上去查（见表 2-1-2）。

表 2-1-2　变星表摘要

星名	最亮星等 /m	最暗星等 /m	周期 /d	类型
三角 R	5.4	12.6	266.48	M
英仙 β	2.1	3.4	2.87	EA
猎户 α	0.1	0.9	2110	SR
猎户 U	4.8	12.6	372.4	M
双子 η	3.2	3.9	233	SR
双子 S	3.7	4.2	10.15	C
鲸鱼 UV	6.8	12.9		耀星
鲸鱼 o	2.0	10.1	331.96	M
长蛇 R	3.0	11.0	389.6	M
武仙 α	3.0	4.0		SR
盾牌 R	4.45	8.2	140.0	SR
天琴 β	3.3	4.3	12.94	EB
天琴 R	3.9	5.0	46.0	SR
天鹰 R	5.5	12.0	284.2	M
天琴 RR	7.1	8.1	0.57	RR
天鹅 χ	3.3	14.2	406.9	M
天鹰 η	3.5	4.4	7.18	C
天鹅 W	5.0	7.6	126.0	SR
海豚 EU	5.8	6.9	59.5	SR
仙王 μ	3.4	5.1	730	SR
仙王 δ	3.5	4.4	5.37	C
飞马 β	2.3	2.8		I

实践提示

观测变星

变星观测一般采用比较法，选其附近亮度恒定的恒星作为对照星，比较确定变星的亮度变化，有目视观测和照相观测。

目视观测一般选用口径比较大，焦距比较短的望远镜，低倍大视场目镜，以利于比较得出亮度变化特征。

照相观测因照相机的累积效果可记录更暗的星，可直接用照相机拍摄。

根据变星的变光周期特征选择观测时段，周期比较长的可每天做一次观测，蒭藁增二型变星的光变周期很长，可每周观测 1~2 次；短周期的可每小时或间隔更短时间做一次观测，将每次的观测数据登在记录表上，当记录到一颗星从亮度最大到最小又回到最大时，记为一个周期，同时可绘制变光曲线。

对于周期比较短的食变星，了解其掩食的大致时段，从而进行一段时间的连续观测也是非常必要的。

3. 新星和超新星

★新星（Nova）

新星是恒星在生命晚期，白矮星表面发生的猛烈爆炸，使恒星表面在短时间内亮度急剧增加到原来的数百倍到数万倍，亮度增加 9 个星等以上的现象。

2021 年 3 月 18 日，日本的中村裕二（Yuji Nakamura）在用 135 毫米镜头拍摄的四幅图像中发现了一个 9.6 星等的天体。四天前，该位置还观测不到任何亮于 13 星等的星体。

2021 年 3 月 21 日，天文学家将这个天体确认为新星，这是一个银河系内的新星爆发，当天其视星等约为 8 等，位于仙后座，编号为 V1405 Cas（见图 2-1-9）。此后，它的亮度还在持续增长，截止到 5 月中旬，其视星等约为 6 等。

周期性新星（再发新星）

周期性新星为典型的激变变星，是相互作用的双星系统。由一颗致密的白矮星和一颗膨胀的红巨星相互围绕旋转组成。

红巨星上落下的物质，在最终落到白矮星上前，集中在一个旋转的增长的盘面上。

由于盘面的不稳定性，或是在密集的恒星上慢慢增加的物质导致了能量偶然但又急剧的释放，产生了核爆炸。

蛇夫座 RS 是周期性新星的一个例子。平时它的亮度只有 11 等，爆发时亮度迅速增量到肉眼可见。从 1898 年以来，天文学家观察到它发生过 4 次相似的爆发，上一次爆发是在 1985 年，最近一次爆发是 2006 年 2 月。

蛇夫座 RS 位于蛇夫座 μ 和 τ 附近，赤经 17h52m，赤纬 –6°43'。

图 2-1-9　2021 年 3 月仙后座新星 V1405 Cas 爆发

★超新星（Supernova）

超新星是大质量恒星晚期，当核心区硅聚变产物——铁 –56 积攒到一定程度时发生的爆发现象，其规模远远超过新星，亮度增亮上千万甚至上亿倍，星等变幅超过 17 个星等。

超新星分Ⅰ型和Ⅱ型两大类。Ⅰ型超新星又分为Ⅰa、Ⅰb、Ⅰc 三种类型。

Ⅰa 型超新星

Ⅰa 型超新星为密近双星系统中演化到晚期的大质量白矮星爆发现象，当白矮星从伴星吸积质量达到钱德拉塞卡极限以上，就会导致爆炸性碳燃烧和硅燃烧，使整个星体向外爆炸。

钱德拉塞卡极限（Chandrasekhar limit）：白矮星的质量上限，约为 1.4 太阳质量，质量超过此极限的白矮星，无法抵抗重力的挤压，将进一步塌缩，最后导致爆炸性爆发。

宋景德三年（1006 年）"周伯星"就是一颗Ⅰa 型超新星，当时世界上许多国家的天文爱好者都看到了它壮观的爆发。

《宋会要》记载："景德三年五月一日，司天监言：先四月二日夜初更，见大星，色黄，出库楼东、骑官西，渐渐光明，测在氐三度。"《宋史·天文志》记载："景德三年四月戊寅，周伯星见，出氐南、骑官西一度，状如半月，有芒角，惶惶然可以鉴物。"《宋会要》记载的四月二日是超新星爆发当天的情形，为 5 月 1 日，《宋史·天文志》记载的则是 5 月 6 日，超新星爆发第 6 天时的情景。

II 型超新星及 Ib、Ic 型超新星

II 型超新星及 Ib、Ic 型超新星是大质量恒星演化终期坍缩爆发现象。大质量恒星爆发后的归宿是中子星或黑洞。

和我们太阳差不多大的恒星，死亡后安静地变成白矮星。而质量达到 8 倍太阳质量的恒星，死亡将是剧烈的爆炸。

小质量恒星中心氢聚变成碳后，核聚变就停止了。而大质量恒星能使核聚变一往无前直到生成最稳定的元素——铁，核聚变才停止。

图 2-1-10　恒星的洋葱结构

图 2-1-11　超新星 2005CS

大质量的恒星演化的后期，内部结构就如一个洋葱，如图 2-1-10 所示。从恒星表面到中心依次是氢、氦、碳、氧、硅、铁。

当大质量恒星演化到末期，核燃料燃烧殆尽，核内不再发生核聚变时，铁核心坍缩，到核心反弹导致爆炸出现的爆发超新星。

2005 年 6 月观测到的 2005CS 就是一颗 II 型超新星。看图 2-1-11 的两张不同时期拍摄的照片，你发现这颗超新星了吗？

超新星爆发是大质量恒星不可避免的、壮观的死亡过程，它把在恒星星核中形成的富含重元素的残骸抛向宇宙中。这些元素组成了未来的恒星和行星，也是生命所必需的元素。

超新星的出现概率

超新星是罕见的天象。银河系内最近期的一个超新星出现在 1604 年。

现在通过自动化搜索，每年能发现成百上千颗河外星系超新星，不过临近超新星很稀少而且很重要，因为这些超新星常常很亮，便于许多望远镜研究，而且由于足够近，也可以了解它们临近的环境空间。

大麦哲伦云中的超新星SN1987A 是当代最亮的超新星，1987 年 2 月 23 日最亮时目视星等为2.9m。

2006 年 2 月，天文学家在明亮的 M100 星系内发现了近年来较邻近的超新星之一，被命名为SN2006X。3 月份，还可以用望远镜在后发座中找到它（见图 2-1-12）。

图 2-1-12 超新星 SN2006X

★ 超新星遗迹（Supernova Remnants ）

超新星遗迹

大质量恒星演化到晚期，超新星爆发抛出的物质与星际物质相互作用，形成丝状气体云和气壳，星的残骸可演化为中子星或白矮星。

到目前为止，天文学家已经证认出上百颗超新星遗迹，它们绝大部分是银河系内的射电源，而它们也成为研究元素合成和散布的天文实验室。

著名的超新星遗迹有蟹状星云（M1 ）、S147、SN1006、SN1572 和 SN1604 等（见图 2-1-13、表 2-1-3）。

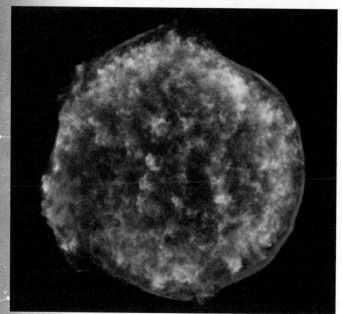

图 2-1-13 超新星遗迹 SN1572

蟹状星云

蟹状星云位于金牛座 ζ（天关）附近。在中国史书《宋会要》中有记载："至和元年五月晨出东方，守天关，昼见如太白，芒角四出，色赤白，凡见二十三日。"这是一次超新星爆发的详尽记载，北宋至和元年五月即公元 1054 年 7 月。

1731 年，英国天文爱好者比维斯首次用小望远镜发现了蟹状星云，1942 年，荷兰奥尔特推论蟹状星云是约 900 年前超新星爆发的产物，从而确认它和 1054 年超新星为一体。

SN1006 是超新星"周伯星"的遗迹。1965 年，天文学家在豺狼座 β 附近发现了一个射电源 MSH14-415，1976 年，这个超新星遗迹被找到了。

金牛座 S147 是一颗超新星遗骸，天文学家根据它的形态估计其年龄约为 10 万年，它覆盖了 3 度的天区，距离我们约 3000 光年。

SN1572 是 1572 年爆发的第谷超新星遗迹；SN1604 是 1604 年爆发的开普勒超新星遗迹。

表 2-1-3 著名超新星遗迹表

名称或编号	星座	赤经	赤纬	亮度 /m	大小
蟹状星云	金牛	05h34.5m	+22°01'	8	6"×4"
S147	金牛	05h39.1m	+28°00'	—	200"×180"
SN1006	半人马	14h59.6m	−41°42'	—	—
SN1572	仙后	00h22.5m	+63°53'	—	—
SN1604	蛇夫	17h27.7m	−21°25'	—	—

实践提示

寻找再发新星

蛇夫座 RS 是目前位置唯一肉眼观察到的再发新星。尝试拍摄那一天区，也许能拍到它再发的迹象呢！

寻找及观测超新星遗迹

超新星是很少见的，极大亮度达到肉眼可见的超新星几百年才可能出现一颗，要观测到超新星只能靠运气。但是天空中的超新星遗迹会长期存在，可供我们练习寻找观测。

超新星遗迹大部分亮度很低，需要使用高光力的望远镜寻找，拍照它们则需要有赤道仪长时间跟踪，要获得好的照片，需要拍摄多张照片，进行后期叠加处理。

寻找蟹状星云

蟹状星云是最亮的超新星遗迹，视星等约为 8 等，需要用口径稍微大一些的望远镜才能看到（见图 2-1-14）。

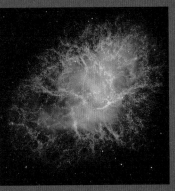

图 2-1-14 蟹状星云

二、太阳

太阳是距离我们最近的恒星，是天空中最亮的天体，也是最方便观测的天体。

1. 太阳的基本特征

直径：1392530km（地球的赤道直径12756km，极直径12714km）

体积：$1.412 \times 10^{18} km^3$（地球体积 $1.083 \times 10^{12} km^3$）

质量：$1.989 \times 10^{33} g$（地球质量 $5.976 \times 10^{27} g$）

2. 太阳的内部结构

★ 太阳的物质组成

太阳是一颗恒星，其组成物质主要有两大部分：氢（H）和氦（He）。氢和氦也是所有恒星的主要组成成分，其他成分仅占2%（见图2-2-1）。

在太阳的内部和外层大气中，氢和氦所占的比例有明显差别。在太阳外层大气中，氢约占质量的73%，氦约占25%；而在太阳内部，氢仅占34%，氦却占64%。

这是因为氢是太阳核反应的根源，氦则是核反应的产物。

在太阳的内部，引力形成的高压状态使氢原子核发生聚变反应，4个氢原子核聚合形成一个氦原子，同时释放出巨大的能量。

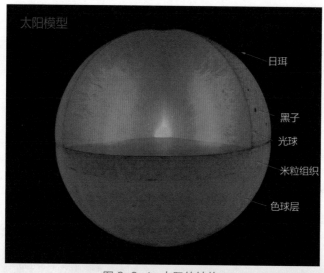

太阳模型

日珥

黑子

光球

米粒组织

色球层

图2-2-1 太阳的结构

3. 太阳的外层大气

太阳外部大气就像我们地球的大气一样，分为几个性质不同的层，从内而外是：光球、色球和日冕。

★光球

人们在地球上用肉眼所看见的太阳表层是光球层。厚度约100~300km（见图2-2-2）。

太阳光球的亮度并不完全相同。

太阳光球上布满了一些不稳定的、比较明亮的多角形斑点，这就是米粒组织。

一些比米粒组织更明亮的区域被称为光斑。

光球表面时常出现的一些暗淡黑斑被称为黑子，那是温度偏低的区域。

★色球

色球层是太阳大气的中间层，呈美丽的玫瑰色，所以称作色球层，厚度约5000km（见图2-2-3）。

色球层空气稀薄，呈透明状态，平时，它被光球明亮刺眼的光芒湮没，我们看不到它，只有在日全食时，光球被月影全部遮挡住，我们才能看到这一层。

色球望远镜采用滤光器，可滤掉光球的强光，用于观测太阳色球。

色球上有一些与光球上的太阳活动相对应的活动。

谱斑：比周围明亮的部位，在光斑之上。

耀斑：局部突然增亮的部位，又称色球爆发，与大黑子密切相关。

日珥：从色球表面向外突起的，由红色气焰构成的拱环。

★日冕

日冕在色球层以外，是太阳大气的最外层，可延伸数百万千米（见图2-2-4）。

日冕大气由高度电离的原子和自由电子组成，密度更加稀薄，所以，亮度与明亮的光球相比，实在是微不足道，也只有在日全食时，它才能呈现出本来面貌。

米粒组织和大黑子

图2-2-2 太阳光球高清图

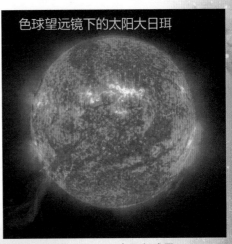

色球望远镜下的太阳大日珥

图2-2-3 太阳色球层

图 2-2-4　太阳日冕层

4. 太阳活动和太阳黑子

★太阳活动

太阳活动是太阳大气变化的总称，包括黑子、耀斑、日珥、日冕等的变化（见图 2-2-5）。

太阳活动最容易观测的是太阳黑子，利用色球望远镜还可以观测到耀斑和日珥，在日全食时，还可以很容易地观测到日冕的变化和大日珥。

太阳黑子数的多少，标志着太阳活动的强弱。

图 2-2-5　太阳大黑子群

太阳活动周期

太阳活动有着一定的周期变化。

太阳黑子最大值出现的年份称为太阳活动峰年。太阳黑子从一个峰值到下一个峰值的时间间隔为太阳活动周期。

太阳活动的周期并不是一成不变的，最长可达 13.6 年，短的只有 9 年，平均周期是 11.04 年。

太阳活动增强，紫外线辐射也会增强，地球气候会受到影响。

太阳活动会影响宇航、通信、气象气候等，因此，许多学科的科学家都非常关注太阳活动。

★观测太阳黑子

观测太阳黑子一般是以投影的方式描绘黑子分布图。

用望远镜观测太阳黑子,物镜前必须加光栅。

特别提示:望远镜的目镜必须是耐热的,目前大部分低档目镜都做不到,但单筒望远镜一般可以做到。

图 2-2-6 用投影方式绘制太阳黑子图

做太阳黑子观测绘图,首先要有一个可以固定在望远镜目镜后面一定距离的投影板(一般使用小望远镜时太阳投影的直径为 10~15cm),投影板必须与镜筒保持垂直。如果有赤道仪自动跟踪,操作起来更容易,效果也会更好。

绘图用纸质量一定要好,不能有污点,纹理要细,不透光也不反光。

将绘图纸裁成比投影板稍小一些,固定在投影板上面,调整焦距至投影像清晰,把太阳的影像大小记录下来(见图2-2-6)。

确定日面坐标

在仪器不跟踪的情况下,利用黑子的运动方向确定东西方向。然后根据太阳表 2 确定日面坐标。

太阳黑子有本影和半影之分。在望远镜的焦距对准后,就可以看到太阳黑子有的部分很暗,即为本影,在本影外围还有稍微亮一些的区域,即为半影。

在图上直接描画出太阳黑子的形状,先描绘本影,再描绘半影。本影描成黑色,半影用阴影线描。

要了解太阳黑子的变化,可以每天在一定的时间做一次观测绘图记录。连续观测几天,我们就能发现,太阳黑子的位置和大小、形状都会变化。

太阳黑子数

太阳黑子数体现了太阳黑子的多少,其单位是太阳半球面积的 1/1000000。

可以利用下面的图 2-2-7 来计算太阳黑子的面积。

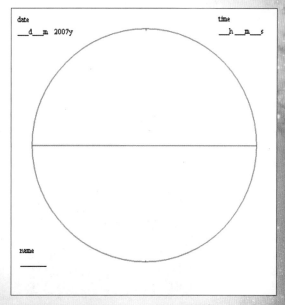

图 2-2-7 太阳日冕层

实践提示

日出和日落的观测

测定日出和日落的方位和时刻（可每周在同一地点做一次观测记录），从夏至到冬至做半年，会发现其中的变化规律。

确定观测地点：经度、纬度位置，海拔高度。

测定太阳方位角

可以用照相机、绘图的方式记录日出、日落时的位置，夜间借助北极星确定建筑物的朝向，同时借助指北针确定日出、日没的方位。

日出或日落时，太阳如果很接近地平线，可以直接拍摄，但是要拍出太阳圆面，需要用小光圈，快速度，而地景通常都是非常暗的剪影。当有薄云或雾时，拍照日出、日落会获得意想不到的效果（见图2-2-8）。

观测太阳光球

使用望远镜观测太阳必须加巴德膜，而且千万不能使用寻星镜。

观测太阳色球

使用日珥镜可以观测太阳色球。

图2-2-8　华海田园基地夏至日出

三、太阳系

太阳系由太阳和围绕太阳运行的众多不同类型的天体组成。太阳是太阳系的主宰，占总质量的99.8%；其次是行星，占0.135%，剩余的被统称为太阳系小天体，占0.065%。

2006年国际天文学联合会决议，行星系成员分为四大类，行星、矮行星、卫星、小天体。其中小天体包括彗星、流星和流星群、行星际物质等。

1. 太阳系的行星

除了太阳以外，行星是太阳系中主要的天体。也是业余天文观测最常见的天体，其中有几颗的亮度经常会超过亮恒星，成为夜空中最亮的星。

★行星的位置

按照距离太阳由近到远排列：水星、金星、地球、火星、木星、土星、天王星、海王星（见图2-3-1）。

图2-3-1 太阳系行星示意图

★行星的分类

以地球为界可分为内行星和外行星。在地球上观测时，外行星和内行星有显著的不同。

根据质量、大小、化学组成分为类地行星和类木行星。

类地行星：表面为固体岩石的行星，包括水星、金星、地球、火星。

类木行星：表面为气态的巨型行星，包括木星、土星、天王星、海王星。

★行星的基本数据（见表2-3-1）

表2-3-1 行星基本数据表

行星	直径 /km	自转周期	公转周期	近日点 /km	远日点 /km
水星	4880	58 .65d	87 .97d	4600 万	6980 万
金星	12104	243 d	224 .70d	1.075 亿	1.089 亿
地球	12756	23 .93h	365 .26d	1.471 亿	1.521 亿
火星	6794	24 .62h	686 .98d	2.066 亿	2.492 亿
木星	142984	9 .93h	11.86y	7.406 亿	8.16 亿
土星	120536	10 .66h	29 .46y	13.5 亿	15.1 亿
天王星	51118	17 .24h	84 .01y	27.3 亿	30.1 亿
海王星	49532	16.11h	164 .79y	44.6 亿	45.4 亿

h：小时；d：日；y：年

★行星的卫星

地球和所有的外行星都有卫星，特别是木星有四颗较
大的卫星（伽利略卫星），用最普通的天文望远镜都可以
观测到，是业余天文观测的目标之一（见图2-3-2）。

★行星的光环

类木行星都有光环，土星的光环用小型的天文望远镜
就可观测（见图2-3-3和图2-3-4）。

★行星的自转

太阳系的行星都有自转，自转的方向大多也是自西向东，有个别行星自转轴倾角
比较大，金星的自转是逆向的。

图 2-3-2 土卫和木卫

行星自转速度差异很大。几个
巨行星自转速度比较快。

外行星表面的各种特征可以让
我们观测其自转。最容易观测的是
木星，由于木星表面有一个颜色显
著的大红斑，而且其自转速度快，
1 个小时就可以看到明显的自转。

图 2-3-3 土星光环　　图 2-3-4 木星云带及大红斑

★行星的公转

行星运行三定律

所有行星的运动轨道都有"近圆性、同向性、共面性"三个共同的特征。

近圆性：行星公转的轨道并非正圆，而是椭圆。

同向性：自西向东。

共面性：黄道面。

开普勒定律

（1）行星运行轨道为一椭圆，太阳位于其中一个焦点上。

所有行星在轨道上都有一个近日点和一个远日点（见图2-3-5）。

目前，地球的近日点大约在1月2日前后，远日点大约在7月5日前后。

（2）行星与太阳连线在单位时间里扫过的面积相等。

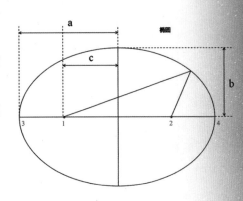

图2-3-5　椭圆示意图

$$\frac{T_1^2}{T_2^2} = \frac{a_1^3}{a_2^3} \qquad (2\text{-}3\text{-}1)$$

（3）任两星公转周期的平方正比于其轨道半长径的立方。

公式（2-3-1）中 T_1、a_1 分别为行星1的公转周期和轨道半长径；T_2、a_2 分别为行星2的公转周期和轨道半长径。

如果将行星2设为地球，公转周期的单位为年，轨道半长径的单位为天文单位（au，即地球到太阳的平均距离），则任一绕太阳公转的太阳系天体的公转周期都可以简化为：

$$T^2 = a^3 \qquad (2\text{-}3\text{-}2)$$

★行星的视运动

行星与地球同样围绕着太阳公转，所以，它们除了有周日视运动以外，在星空背景上还有运动。这也是它们被称为行星的原因。

行星与地球的相对位置变化，使我们看到它们在星空中运动的方向和速度不同，观测的条件也会明显变化。

顺行和逆行

行星在星空背景上相对于恒星的运动有顺行、逆行和留三种形式，如图2-3-6所示。

顺行：视运动在天球上由西向东运动。

行星运行示意图

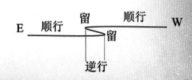

图2-3-6　行星运行示意图

逆行：与顺行方向相反。

留：基本不移动。

内行星的特殊位置

如图2-3-7所示，S代表太阳，E代表地球，1、2、3、4分别为内行星的四个特殊位置。

合：合日，行星黄经与太阳相等。内行星在每一个会合周期中有两个合，下合1、上合3。

凌日：下合时若内行星与太阳的黄纬差值小于15'，就会出现凌日现象。

大距：地球观测者看到内行星与太阳角距最大时，有西大距2和东大距4。

位相：内行星有与月球类似的位相变化，所以其亮度不一定是距离我们越近就越亮。

外行星的特殊位置

如图2-3-8所示，S代表太阳，E代表地球，1、2、3、4分别为外行星的四个特殊位置。

合：外行星在每一个会合周期中只有一个合，即图上3的位置。合前后是最不适合观测它们的时期。

冲（大冲）：外行星位于1的位置。冲前后是其与地球距离最近的时期，而且整夜可见。对于距离我们较近的外行星，特别是火星，冲还分小冲和大冲。

方照：外行星与太阳黄经相差90°，有东方照和西方照。

西方照：外行星在太阳以西90°，即图上2的位置。

东方照：外行星在太阳以东90°，图上4的位置。

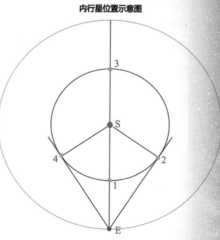

图2-3-7　内行星的位置示意图

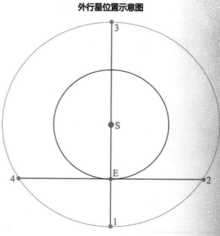

图2-3-8　外行星的位置示意图

★行星的会合周期

由于与地球的公转周期不同，行星与地球相对于太阳和星空的位置不断变化，某两颗行星两次黄经相等的时间间隔为其会合周期。行星与地球的会合周期对我们观测它们非常重要。

行星的会合周期实际上就是公转周期短的行星追赶公转周期长的行星的过程，因此，公转周期相差越短的，会合周期越长。

地球与内行星会合周期的计算公式：

$$\frac{1}{S_内} = \frac{1}{P_内} - \frac{1}{E} \qquad (2\text{-}3\text{-}3)$$

地球与外行星会合周期的计算公式：

$$\frac{1}{S_外} = \frac{1}{E} - \frac{1}{P_外} \qquad (2\text{-}3\text{-}4)$$

式中：S 为会合周期；E 为地球公转周期；P 为行星公转周期。

★行星小资料

七曜

七曜(yào)是中国古人对天空中七个比较特别的天体的统称。包括日、月、火、水、木、金、土，当时用来称呼一周的七天，日曜日是星期一，月曜日是星期二，火曜日是星期三，依次类推。

日、月是天空中最亮的两个天体。除此之外，就是金星，因为金星特别明亮，所以人们称其为"太白星"，又由于它有时出现在黎明前的东方，预示着天将破晓，所以又被称为"启明星"，而当它在黄昏出现在西边的天空时，则预示着暮色降临，长夜将至，所以又把它叫做"长庚星"。

中国古人观测木星位置的变化，就发现木星在星空中的位置大约每12年转一圈，这就是我们今天知道的行星的会合周期。当时，人们把天空的一圈划分为12段，称12次，并用子、丑、寅、卯、辰、巳、午、未、申、酉、戌、亥十二地支命名。这十二地支也被用来记年，就是中国传统的干支纪年法，也就是中国人的生肖。西方人的生肖是用出生的日期所在的星座来确定的，而中国人的生肖是用出生的年份木星所在的次来确定的，所以，木星又被称为"岁星"，就是说它一岁守一次。

土星被称为"镇星""填星"，因为中国古人认为它的会合周期是28年，好像是每年镇守二十八宿中的一个星宿。

中国古代就多次观测水星，并发现它与太阳的角距最大时也不超过30°，也就是一个"次"，而古人把12次又叫作12辰，用于计时(12时辰)。所以，水星的角距不超过一辰，又被称为"辰星"。

火星是最让人琢磨不清的，它红红的，荧荧似火，时暗时亮，行踪不定，令人迷惑，所以被称为"荧惑"。

实践提示

目视观测行星

裸眼观测

当天黑以后，对照星图，观察星空，星空中是否有很亮的星，星图上却没有标出来？那大概就是行星了。

仔细观察，行星与恒星看起来有什么不同？

内行星在一个会合周期中有两次最佳观测时机，东大距和西大距。外行星在一个会合周期中只有一次最佳观测时机。

金星大距前后亮度可达到 -4.6 等左右，如果是东大距，傍晚天还没黑，就可以看到它。大距前后的一两个月都很适合观测。

水星离太阳比较近，不是每次大距都能很容易观测到。规律是秋冬季的西大距和春夏季的东大距比较适合观测。

裸眼可见的外行星有火星、木星和土星。木星冲时比天狼星还亮。火星大冲时，亮度会比木星还亮，但是，火星 2 年多冲一次，而大冲要 15~17 年才能赶上一次。上一次火星大冲是 2018 年 7 月 27 日，下一次就要等到 2035 年 9 月 15 日了。

裸眼还可观测行星所在的星座。

今夜星空中可见几颗行星？它们分别位于哪个星座？

行星的亮度是否有明显的差异？

行星的颜色又什么不同？

一个月后再次观测，行星在星座间的位置是否有明显的变化？通过这个观测，可以知道它在这段时间里是顺行还是逆行。

行星会聚也是适合业余爱好者观测的有趣现象。当几颗肉眼可见的行星聚集在一定范围时，星空会显得比较热闹。

图 2-3-9 是一次木星、土星会聚，同时火星、海王星和谷神星会聚（见图 2-3-10、图 2-3-11）。《天文爱好者》杂志也会预报一些行星会聚天象。

用天文望远镜目视观察行星。

图 2-3-9　2020 年火星冲日

图 2-3-10　2020 年木星、土星会聚 + 火星、海王星和谷神星会聚

用普及型天文望远镜搜索行星，进行细致观察：

利用全天星图或 SkyMap，确定行星的旁边是哪颗恒星？

行星是否有位相（类似于月相一样的盈亏）？
你发现哪颗行星有明显的位相？

是否能看到行星的光环？

观察木星的卫星，把它们的位置画一画。

是否可以看到木星的大红斑？

隔一个小时再看看木星，大红斑的位置是否
有变化？卫星的位置是否有变化？

图 2-3-11　望远镜中的金星

2. 矮行星和小行星

★矮行星

矮行星是围绕太阳以近圆轨道运行，虽有足够质量以形成球形，但仍不能清除
其轨道上相似大小的天体，同时不是卫星。矮行星的直径一般在 1000 km 以上（见图
2-3-12）。

已经确定的矮行星：谷神星、冥王星及其卫星卡戎、阋神星、鸟神星、妊神星。
除了谷神星以外，都位于海王星轨道以外，而海王星轨道以外的矮行星只有冥王星是
上个世纪初发现的，其余均被发现于 21 世纪。

冥王星（Pluto）：2006 年 9 月 13 日国际天文学联合会发布公告，降级为矮行星。直径约 2370 km。

阋神星 (2003UB313，Eris)：2003 年发现，直径约 2336km。它是导致冥王星被开除太阳系大行星行列的根源。发现以来，天文学家曾以为它可能比冥王星还要大一些。随着新视野号靠近它们，并给出了更精确的测量数据，这一悬案终于有了定论，还是冥王星大了一点。

鸟神星 (2005FY9，Makemake)：2005 年发现，直径约 1500 km。第三大矮行星。

妊神星 (2003EL61，Haumea)：2005 年发现，是一颗橄榄球状的矮行星，质量约为冥王星的 1/3。

卡戎（Charon）：直径 1200km，现被定义为和冥王星并列的一对双矮行星。

谷神星 (Ceres)：1801 年皮亚齐（意大利）发现，是介于火星和木星轨道之间的 1 号小行星，直径约 952km，冲日时平均目视星等 7.9m。

图 2-3-12　已知柯依伯带天体与地球的比较

★小行星

小行星是一些围绕太阳运转但因为太小而称不上行星的天体。最大的小行星直径约 1000km，现已升级为矮行星；最小的则只有鹅卵石那么大。

天文学家估计，太阳系中直径大于 1km 的小行星有上百万颗，到 2012 年，人类已经确定了大约 70 万颗小行星的轨道（见表 2-3-2）。

表 2-3-2 小行星的发现

编号	名称	直径 / km	发现人	时间
1	谷神星	952	〔意〕比亚齐 Piazzi	1801 年 1 月 1 日
2	智神星	520	〔德〕奥伯斯	1802 年 3 月 28 日
3	婚神星	250	〔德〕哈丁	1804 年 9 月 1 日
4	灶神星	530	〔德〕奥伯斯	1807 年 3 月 29 日

★小行星的轨道

小行星的轨道也是椭圆。但是由于它们质量小，更容易受到其他天体的引力摄动，所以，许多小行星的轨道非常扁（见图 2-3-13）。

根据小行星轨道的位置，天文学家将小行星分为了几大组：

主带

处于火星与木星之间，距太阳约为 2 到 4 个天文单位，又被分为更小的组。根据组中主要小行星命名为 Hungarias、Floras、Phocaea、Koronis、Eos、Themis、Cybeles 和 Hildas 等。

图 2-3-13 小行星主带位置示意图

近地小行星

这是一些十分靠近地球的小行星，它们的运行轨道很靠近地球，甚至可能与地球相撞，对地球生命构成威胁，是人类目前最为关注的小行星（见图 2-3-14）。如 2013 年 2 月 15 日与地球擦肩而过的 2012DA14 就是一颗近地小行星。又分为三组。

Atens：与太阳平均距离小于 1.0 天文单位，远日点距离大于 0.983 天文单位；

Apollos： 与太阳平均距离大于 1.0 天文单位，近日点距离小于 1.017 天文单位；

Amors: 近日点距离在 1.017 到 1.3 天文单位之间。

远距小行星

在土星轨道以外运行的小行星，包括在土星和天王星之间运行的，还有从火星轨

图 2-3-14 接近地球的小行星

道一直跨越超过天王星的轨道上运行的都被称为远距小行星。

近日小行星

运行轨道完全处于地球轨道以内的小行星。2003 年发现了一颗，2004 年 5 月发现第二颗。

天文学家推测，近日小行星是在某种罕见的特定情形下，受木星引力影响逃离主带的。漂移过程中，在火星和地球的引力作用下，小行星会离太阳越来越近。

★小行星的形成

目前比较普遍的观点认为，小行星是在太阳系形成初期，由于某种原因，在火星与木星之间的这个空当地带未能积聚形成一颗大行星，结果留下了大批的小行星。

★小行星的组成成分

小行星按照物质组成，可以分为以下类型：

C 型：与含碳的球粒陨石相似，与太阳挥发出的氢、氮和其他一些挥发物的化学物质组成近似。

S 型：由镍、铁混合物及硅酸铁和硅酸镁组成。

M 型：只由镍铁混合物组成。

另有一些稀有类型。

★研究小行星的重要意义

探索太阳系的起源

小行星质量很小，不会产生岩浆活动等地质过程，因而能保留下太阳系形成初期的原始状况。

应对天文灾害

天体碰撞可能引起地球重大灾害。

2003 年，德国地质学家发现了一个 2 亿年前形成的沉积层，其中有不少贝壳动物的化石，显示它们是被特大洪水冲积到这里。

专家计算，这是一场不同寻常的海啸。可能是由于一颗或多颗近地小行星与地球相撞，形成了威力相当于里氏 20 级地震的地质活动，引起海水形成高 1000 米到 1200 米的波浪，其结果是全球 3/4 的生物死亡。恐龙可能就是在这场灾难中灭绝的。

观测近地小行星的运行，预测它们与地球碰撞的可能性，研究应对措施是近年来小行星研究的一个重点。

美国天文学家已经完成了查明巨大小行星的研究，发现总数量约为 1100 颗，其中 720 颗小行星轨迹已被确定，并能预先做出威胁程度的警告。

宇宙中还存在着更多更小体积的小行星，如果它们直接坠落到大城市中，也能引起大量人员死亡和财产损失。

为此，美国宇航局（NASA）专家还开始了查明具有潜在危险小行星的研究工作，即建立能标定更小天体的系统。

★开发新矿藏

由于一些小行星的组成成分比较单一。如 M 型小行星，它们可能成为人类未来开发矿产的矿场。

★观测和发现小行星

小行星预报

目前每年《天文爱好者增刊——天象大观》上给出了一些比较亮的小行星的动态，以指导人们的观测。

小行星观测

由于小行星与地球同样围绕着太阳公转，所以，它们除了有周日视运动以外，在星空背景上还有运动。

要发现一颗小行星天文学家必须长时间记录每颗可疑的星的位置，比较它们与周围星位置之间的变化。

虽然用肉眼无法看到小行星，但许多小行星可用双筒望远镜或小望远镜清晰地观察到。

每年的《天文爱好者增刊——天象大观》上会给出一些比较亮的小行星的动态，以指导人们的观测。一些天文软件也存储有部分小行星的数据，如 SkyMap Pro10 存储了 100 颗小行星的数据。

随着计算机和网络技术的发展，人们还可以通过网络寻找和发现小行星。http://fmo.lpl.arizona.edu/FMO_home/how_to_apply.cfm 是一个供爱好者搜索近地小天体的网站，也有一些业余爱好者参与了此项工作。

实践提示

查找并观测小行星

利用《天文爱好者增刊——天象大观》或利用天文软件的数据，查找近期亮度比较大的小行星，在星图上确定它的位置。

尝试利用望远镜搜寻小行星。

拍摄小行星

尝试拍摄小行星所在天区，看是否能把小行星拍下来。相隔几天再做一次拍摄，看看小行星的位置是否移动了，它们在向什么方向移动？是顺行还是逆行？

3. 彗星

彗星是太阳系内的一类小天体。

古人以为天象可以预言人事，无论中外，都以为彗星这种奇异天象预示着灾难，因而称其为"妖星""灾星"，由于其总是拖着长长的彗尾，好像一把扫帚，中国古代也称其为"扫帚星"。

图 2-3-15 哈雷彗星

很久以前，就有关于大彗星文字甚至图形记录，1986 年我国发行的哈雷彗星邮票下部的图案就取材自长沙马王堆西汉古墓出土的帛书上的彗星图案（见图 2-3-15）。

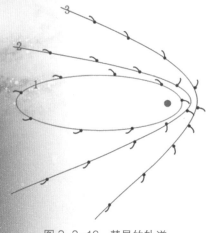

图 2-3-16 彗星的轨道

★彗星的运行轨道

由于大彗星常常带有长长的明亮彗尾，所以，早期人们认为彗星很靠近地球，甚至就在地球大气范围之内。1577 年，第谷根据人们在地球上不同地点观察时，彗星并没有显出方位不同而断定，彗星离我们很远。

彗星和太阳系中的其他许多天体一样，都是在太阳引力作用下绕日运行的。

彗星的轨道有的是椭圆，还有抛物线和双曲线轨道。

有着椭圆形轨道的彗星是周期彗星，轨道形状如图 2-3-16 上的"1"所示。

周期彗星的轨道大多是非常扁的椭圆，周期短于 200 年的称为"短周期彗星"，长于 200 年的称为"长周期彗星"。

抛物线或者双曲线轨道的彗星，只能接近太阳一次，永不复返，称为"非周期彗星"，如图 2-3-16 上的"2"和"3"。

彗星沿着极扁的椭圆绕日运动，它们同样遵循着开普勒定律。

由于彗星在远日点附近和近日点附近的运行速度相差显著，因此它们大部分时间是运行在离太阳很远的地方，那时，地球上的人们很难看见它们，只有在它们接近太阳的短暂时间里，其亮度迅速增强，地面上的人们才能看到它们。

彗星根据轨道远日点位置分为几大族：木星族、土星族、天王星族、海王星族、冥王星族、冥外彗星族、掠日彗星族等。

图 2-3-17 彗星的形态

周期 3~10 年，远日点在木星轨道附近的彗星称为木星族彗星。此族彗星很多，如周期最短的恩克彗星（2P）就是这一族的，其周期大约为 3.3 年。

掠日彗星是近日点离太阳小于 0.01 天文单位的彗星。

公转周期小于 100 年的彗星约有 40 颗。历史上第一个被观测到相继出现的同一天体是哈雷彗星，编号为 1P，牛顿的朋友和捐助人哈雷在 1705 年认识到它是周期彗星，其周期约为 76 年。从公元前 240 年以来，它每次通过太阳时都被人们观测到了。它最近一次接近近日点是 1985—1986 年。

★ 彗星的形态和结构

彗星由彗头和彗尾两大部分组成。图 2-3-17 是 1997 年出现的世纪大彗星——海尔 - 波普彗星，红圈部分为彗头，后面渐暗的部分为彗尾。

彗头又可分为彗核、彗发和氢云。

彗核一般直径为 1~10 千米。

远离太阳的时候，彗星只有一个彗核。当彗星运行到离太阳 8 个天文单位以内时，逐渐产生彗发、氢云和彗尾，其亮度也开始迅速增长。

彗发是由组成彗星的固体物质（彗核）突然变热到升华形成的包围着彗核的气体云。

彗发的直径最大可达数 10 万千米，氢云直径可达 100~1000 万千米。

彗星在阳光的照射下，表面的冰升华为气体，并形成尘埃彗尾。距离太阳更近时，气体会被电离为离子，那些电离的气体在太阳风的作用下，形成电离子体彗尾。

彗尾又可从形态上分为 I、II、III 三类。如图 2-3-18 所示。

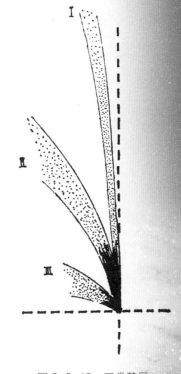

图 2-3-18　三类彗尾

I 类彗尾长而直，略带蓝色，主要由气体离子组成，被称为"等离子体彗尾"。

II 类彗尾较弯曲而亮，III 类彗尾更弯曲，这两类彗尾略带黄色，都由尘埃粒子组成，只是 III 类彗尾的尘粒比 II 类的大些，现在常被一起称作"尘埃彗尾"。

彗尾常常很长，最长的彗尾可达 1 天文单位。

在近日点附近，彗星显得非常明亮，这不仅是由于它们体积巨大，还因为太阳的紫外光能够导致彗发、氢云和彗尾的气体发光。

彗星虽然有时体积巨大，但与其他天体相比，其质量却极其微小，就是密度最大的彗核，密度也比水还小得多，彗发、氢云和彗尾的平均密度则还不到地面附近大气密度的十亿亿分之一。

除非彗核与地球相撞，否则彗星不会给地球带来灾难。

许多科学家猜测，彗星与生命的起源可能有着重要的联系。彗星中含有很多气体和挥发成分，特别是富含有机分子。地球生命也许就起源于彗星！

★ 彗星的起源

当彗星每一次靠近太阳时，彗核物质蒸发到彗发和彗尾中去，总有一部分再也回不到彗核上了，彗核因此逐渐缩小。而大彗星只是表面受到蒸发，其寿命会长一些。例如哈雷彗星已经存在了数千年（见图2-3-19）。

目前最流行的彗星形成假说有两种。

1. 荷兰天文学家奥尔特提出的"奥尔特云"。奥尔特云距离太阳2万至15万天文单位，那里集中了大约200亿颗原始彗星。

图2-3-19　1910年回归时的哈雷彗星

2. 美国天文学家柯伊伯预言的"柯伊伯带"，从距离太阳40天文单位到数百天文单位，估计此带中的彗星有上万颗。

尽管彗星起源已经有假说，但还不是最后的结论。

★ 彗星的发现与命名

国际上对新彗星的发现一直很重视，早期人类发现新彗星一般是借助望远镜寻找，随着照相术的发展，天文照片越来越成为发现新彗星的重要手段。

近几年来，更多高科技手段，如太空摄影和网络的应用，新彗星正以超过以往数倍甚至数十倍地被发现。

SOHO彗星是通过太空摄影发送到网络上的照片发现的掠日族彗星。目前每年平均可以发现彗星上百颗。

国际天文联合会在1995年1月1日开始采用的彗星命名法：在发现彗星的公元年号加上这年的那半个月的大写字母（A＝1月1—15日，B＝1月16—31日，C＝2月1—15日……Y＝12月16—31日，I除外）。再加上这半个月里面代表发现先后次序的阿拉伯数字。为了让人们了解每颗彗星的性质，前面还加上前缀。P/表示短周期彗星；C/表示长周期彗星；D/表示丢失的彗星或者不再回归的彗星；A/表示可能是一颗小行星；X/表示无法算出轨道的彗星。如2020年3月27日发现的新智彗星（NEOWISE）彗星，是一颗接近抛物线轨道的长周期彗星，又是3月16日以后发现的第三颗彗星，就被命名为C/2020F3。

对于确认以后的短周期彗星还要加上编号，例如 1P 是哈雷彗星，2P 是恩克彗星等等。

★彗星的观测

明亮的彗星并不多见。截至 20 世纪末，亮度超过金星的只有 16 次。通常，亮度能接近或超过亮行星的就是壮观的彗星。实际上，彗星是很多的，据天文学家估计不下 1000 亿颗。

Starry Night4.5 上预置了大约 150 颗周期彗星的资料。《天文爱好者》也登载一些彗星的信息。

一般彗星需要通过天文望远镜才能观察，亮度超过 5 等的彗星可用肉眼观察到。

★怎样确定一颗彗星

彗星最大的特征是：它不是一个很实的点，看上去往往带有比较模糊的轮廓。

当你在星空中发现了一个以前没有见过的轮廓模糊的东西，可以查阅一下星图，确认在这个位置上没有星云、星团、星系一类的天体后，应该继续追踪观察一段时间，如果它短时间里在星空背景上有移动，就可以断定是彗星。

★估测彗星的亮度

由于彗星不是一个点，而是有一定视面积的天体，所以，彗星的亮度是整个可见面积上的累积亮度，也就是说一个 1 等亮度的彗星看起来不如 1 等恒星亮。

估测彗头的亮度比较容易，可以用望远镜散焦法进行比较（见图 2-3-20）。

选一个地平高度与彗星相近的、感觉上比彗星亮一些的已知亮度的恒星，将其置于望远镜视场中心，调整焦距，使其成虚像到与彗头大小相当，再将望远镜对准彗星聚焦，比较亮度，如果感觉彗星亮，就再选一个更亮的恒星做比较。

图 2-3-20　彗星 C/2020F3

实践提示

彗星的目视观测

查阅资料，看看近期有没有亮度在5等以上的彗星出现。

通过肉眼或望远镜搜寻，目视观察彗星的颜色和形态，把它画一画。观测彗星最好选用大口径、短焦距的望远镜，如大口径双筒望远镜是最适合找彗星的。

在星图上记录彗星的位置，间隔一日或数日观测，看看它的位置是怎样变化的。

彗星的照相观测

拍摄彗星可使用短焦距的天文望远镜或直接使用照相机拍摄，有赤道仪跟踪最佳。

选择无月的夜晚，地面光干扰小的地方，可以获得更佳效果（见图2-3-21）。

图 2-3-21 彗星 C/2020F3

4. 流星和流星雨

★流星

宇宙中游荡的微小天体被称为流星体，它们可能是小行星破裂后的碎块，也可能是彗星抛洒在轨道上的碎块（见图 2-3-22、图 2-3-23）。

一颗 5 等流星通常仅由一个 0.00006g、直径 0.5mm 的流星体产生。狮子座流星雨中可见的大部分流星体，直径在 1 毫米到 1 厘米之间。

当地球与流星体相遇时，流星体高速冲入地球大气层，使大气急剧压缩生热发光，这就是我们看到的流星。

图 2-3-22 火流星

图 2-3-23 火流星及其余迹

流星的速度很快，在刚进入地球大气层时，其速度可达 70km/s 以上。

小的流星划过夜空只是一闪即逝，大的流星可能突然增亮，亮度超过金星（－4等星），这就是火流星。

由于流星体的化学成分及反应温度不同，流星会呈现不同的颜色。如钠原子会发出橘黄色的光，铁发出的光是黄色的，镁是蓝绿色的，钙是紫色的，硅是红色的等。

一些火流星会在空中留下烟雾状的余迹，持续数分钟甚至数十分钟才完全散去。余迹主体颜色多为绿色，是中性的氧原子。持续时间通常为 1~10s。可见余迹亮度迅速下降，在极限星等为 4 到 5 等的情况下，一般可持续 1~30min。

★ 流星雨

在地球环绕太阳运行的轨道上，有时会遇到成群的流星体，即流星群。当地球穿过流星群时，夜空中就会出现许许多多的流星，多的时候就像下雨一样，因此，它们被称为流星雨（见图 2-3-24）。

大部分流星群与彗星有着密切的关系，它们是彗星在轨道上留下的物质，当地球运行到与彗星轨道相交的位置时，就会形成流星雨。

有些流星雨在每年都会出现，没有大的变化，也有一些流星雨有着明显的周期变化，这一般与相关彗星的运行周期有关。

也有的流星雨是瓦解的彗星形成的，今天人们已经观察不到彗星的回归了。

最著名的流星雨包括与哈雷彗星相关的宝瓶座流星雨和猎户座流星雨，它们的周期约为 76 年，上一次极大是在 1985—1986 年间。

人类历史上观察到的最壮观的流星雨则当属与坦普尔—塔特尔彗星相关的狮子座流星雨，其周期是 33.17 年。

最近一次狮子座流星暴雨发生在 1997—2001 年间。

图 2-3-24　2001 年狮子座流星雨

★观测流星的意义

观测和研究流星雨对研究太阳系天体的运动（如彗星、小行星与流星的相关性），研究地球高空大气物理性质，避免人造卫星、宇宙飞船等航天器受到流星群体的撞击等，都有重要的科学意义。

流星是进入了地球大气的天文现象，而且其出现有着极大的偶然性，在地球的不同位置看，即使是同一颗流星，运行轨迹也会有很大的不同，因此，在更广的范围开展流星观测意义重大。

流星的运行轨迹一般都很长，大多只能用肉眼进行观测，望远镜往往派不上用场。观测流星一般是在观测其他天象时捎带观测，但流星群可以有计划地进行观测。流星雨观测主要有目视观测和照相观测两种方法。

★流星雨观测资源

流星雨预报

由于流星雨与彗星相关，一些流星雨的大小每年会有不同。《天文爱好者增刊——天象大观》会发布当年比较大的流星雨表。

流星雨的辐射点

观测流星雨时，我们看到流星就好像是从天空中的一个点向四外散开，如图2-3-25所示，这个点就是流星雨的辐射点。事实上，由于地球的公转运动，一个流星雨的辐射点并非固定不动。

ZHR 值

ZHR 值是指假设辐射点位于天顶、极限星等为 6 等时，极大期间的每小时流星数量。

月龄

月相对观测流星雨有明显的影响。所以，预报中都要特别注明流星雨极大时的月龄，月龄从朔开始，即朔的时候月龄为 0，每过 24 小时，月龄 +1。

★流星的目视观测

目视观测分为计数观测和路径观测两种方法。

记数观测

记数观测是简单记录流星出现的数量和亮度。

计数观测流星雨，可以用录音方法记录。

录音记录，首先要参照校对过的钟表录下录音开始的时刻，然后开始观测记录。观测时的语言描述要清晰、简练，在流星数量少时，可以逐颗详细描述流星的情况；流星数量多，来不及逐颗描述时，可合并计数，如"2 颗 3 等，4 颗 4 等"。

观测者能见到流星的多少，取决于观测地的条件，还与观测者的视力、观测时的精神状况等密切相关。

录音观测要在一段观测结束时，及时回放录音，填写观测记录表。

★流星雨的照相观测

拍摄流星雨，镜头的相对口径（最大光圈）越大越好，焦距最好不要太长，可以是标准镜头，也可以是小广角镜头。

快门线是必需的，如果辐射点的位置比较高，照相机可以对着天顶附近拍摄，没有三脚架也可以很好地完成拍摄。

流星在天球上运动的速度至少是 10°/s，比其他天体视运动的速度快 2000 倍以上。理论上，目视极限星等 6 等时，只有 –2 等以上的流星才能被拍到。即使流星速度很慢并有长长的余迹，下限也就能上升到 0 等。拍摄流星一般选择 ISO800° 以上。

拍摄时，要选择一个附近地面光极少的地方。将照相机稳固地支好，光圈放在最大，快门速度 5"~30"，拍摄方式为慢速连拍，按照预定计划选择好天区，按下快门，用快门线锁住，连续拍摄一段时间，注意监视照相机是否一直在正常工作。

天象档案

狮子座流星雨

人类第一次被狮子座流星雨所震撼是在 1833 年，下面是历史的记录。

1833 年 11 月 12 日日落后，一些天文学家就注意到天上异常数量的流星，但给北美洲东部的人们留下深刻印象的是 13 日凌晨，在黎明前 4 小时，天空被流星点亮了！有的人怀着对科学的兴奋数出从狮子座天区每分钟放射出上千颗流星！这确实可以被称为流星暴雨了。

狮子座流星雨上一次的上乘表演是在 1966 年。美国亚利桑那的一些爱好者从 11 月 17 日凌晨 2：30 开始观测，到 3：50 流星开始增多到每小时近 200 颗，到 5：10，每分钟就有 30 颗，但这还远远没有结束，5：30，估计每分钟几百颗，已经没有办法统计数字了，5：54，估计达到了每秒 40 颗！，这该是狮子座流星雨历史上最壮观的一次回归了。

本次狮子座流星雨暴发开始于 1997 年，到 2001 年，数量达到了最大，最多时每小时约有四五千颗（见图 2-3-25）。

图 2-3-25　壮观的流星雨

目视观测流星雨

查阅相关资料，看看近期是否有适合观测的流星雨，自己制订一个观测计划。（见表 2-3-3）

在院子里放一个躺椅或铺一张垫子，目视观测其实取仰卧姿势比较好，一定要注意保暖。

查阅星图，选择辐射点周围的天区，尝试拍摄流星雨。在观测的过程中，可以根据实际观测到的情况随时调整拍照天区。

表 2-3-3　适合北半球观测的可能爆发的流星雨

流星群名称	活动时间	极大时间	极大流量 / ZHR
象限仪	12 月 28 日—1 月 7 日	1 月 4 日	120（有时 45~200）
天琴座	4 月 16—25 日	4 月 22 日	10~15（有时 100）
宝瓶座 η	4 月 21 日—5 月 12 日	5 月 5—6 日	60
武仙座 τ	5 月 19 日—6 月 19 日	6 月 10 日	0（有时 100 以上）
牧夫座	6 月 27 日—7 月 5 日	6 月 28 日	0~1（有时 100）
英仙座	7 月 23 日—8 月 22 日	8 月 12—13 日	90~130
天龙座	10 月 6—10 日	10 月 9—10 日	1~2（有时 100~10000）
猎户座	10 月 15—29 日	10 月 21 日	20~40
狮子座	11 月 13—20 日	11 月 18 日	15~20（有时 200 以上）
麒麟座 α	11 月 13 日—12 月 2 日	11 月 22 日	5（有时 400 以上）
双子座	12 月 6—19 日	12 月 14 日	80~140
小熊座	12 月 17—25 日	12 月 22 日	5~10（有时 50~100）

冬季精彩流星雨

著名流星雨最多的季节，包括 10 月猎户座流星雨，11 月狮子座流星雨，12 月双子座流星雨和小熊座流星雨，1 月象限仪流星雨历史上都曾经有过上乘表现，值得期待。

夏季精彩流星雨

夏季最值得期待的流星雨是英仙座流星雨，每年都会有不错的表现，极大流量 ZHR 一般在 100 以上，时间一般在 8 月 12—13 日。

5.陨星

宇宙中游荡的小天体一旦在地心引力作用下冲入地球大气层，如果不能在大气中燃烧殆尽，遗骸落到地面上，就是陨星，也被叫做陨石（见图2-3-26）。

陨石是来自地球以外太阳系其他天体的碎片，这些天外来客是研究宇宙的重要原料，因此历来受到人们的重视。

绝大多数陨石来自位于火星和木星之间的小行星，少数陨石来自月球和火星。目前全世界已收集到3万多块陨石样品。

★ 陨石的分类

陨石根据组成成分可分为三大类：石陨石（主要成分为硅酸盐）、铁陨石（铁镍合金）、石铁陨石（铁和硅酸盐混合物）。根据物理、化学性质又可分为球粒陨石和分异陨石两大类。

在目前发现的陨石中，球粒陨石占总数的91.5%，其中普通球粒陨石占80%。

球粒陨石

球粒陨石的特点是其内部含有大量毫米到亚毫米大小的硅酸盐球体。球粒陨石是太阳系内最原始

图2-3-26 吉林一号陨石

的物质，是从原始太阳星云中直接凝聚出来的产物，它们的平均化学成分代表了太阳系的化学组分。

世界上最大的石陨石是1976年陨落在我国吉林省的吉林普通球粒陨石，其中1号陨石重约1770公斤。

分异陨石

分异陨石包括无球粒陨石、石铁陨石和铁陨石。它们是由球粒陨石经高温熔融分异和结晶形成的，它们代表了小行星内部不同层次的样品。这些小行星的内部结构与地球相似，分三层，中心为铁核（铁陨石），中间层为石铁混合幔（石铁陨石），外层是石质为主的壳层（无球粒石陨石）。

世界上最大的铁陨石是非洲纳米比亚的Hoba铁陨石，重60吨。

在我国新疆阿勒泰地区青沟县境内银牛沟发现的铁陨石是世界第三大铁陨石，重约28吨（现陈列于新疆地质博物馆）（见图2-3-27）。

近年来，世界各国科学家在南极地区和非洲沙漠地区收集到了大量的陨石样品，其中包括罕见和珍贵的月球陨石和火星陨石。

中国南极考察队先后3次在南极的格罗夫山地区发现并回收了4448块陨石，其中有两块是来自火星的陨石，这样的陨石全世界仅有6块。

大的陨石在进入地球大气层摩擦生热燃烧的过程中，会爆裂成许多碎块，产生陨石雨。1976 年降落于我国吉林的陨石雨是近代最壮观的一场陨石雨。2013 年 2 月 15 日俄罗斯车里雅宾斯克陨石雨，降落时的冲击波震碎了 3000 多栋建筑的玻璃，导致 1000 多人受伤，是近年来造成人员和经济损失最大的一场陨石雨。

图 2-3-27　新疆铁陨石

四、月球

月球是地球的卫星，是距离我们最近的天体。

1. 卫星

围绕行星运行的天体被称为卫星。

和其他天体比较起来，月球距离我们很近，所以，月球是目前人类唯一登临过的天体。

★人造天体

围绕地球运行的人造天体称为"人造地球卫星"，它们与地球的距离大都比月球离我们近得多。

2. 月球基本数据

月球直径为 3476km（约为地球的 1/4 多一点）；

月球质量为 7.35×10^{25} 克（地球质量为 5.976×10^{27} 克）；

月球重力约为地球重力的 16%（1/6）。

如果一个人在地球上能举起 50 千克的重物，在月球上他能举起多重的东西？

月球的表面形态主要有月坑、平原、山脉等（见图 2-4-1）。

由于质量小，月球的引力留不住大气，月球表面大气非常稀薄。小天体撞击月球产生了无数的撞击坑——环形山。

3. 月球的运动

图 2-4-1　月面图

★月球公转

月球公转的轨道为椭圆轨道（见图 2-4-2）。

月地平均距离为 384400km（近地点平均 363300km，远地点平均 405500km）。

月球公转的方向是自西向东。

月球公转的周期为 27.32 日。

图 2-4-2　月球的视直径

★月球自转

月球除了围绕地球公转以外，还有自转。自转的方向也是自西向东，周期同样为27.32日。

4.月球运动的结果

由于月球公转轨道为椭圆，月球运行在轨道的不同位置时，我们看到的月面直径大小不同。

月球的最大视直径为33'31"，最小视直径为29'22"。

月球的公转使我们看到月球在天空中的位置不断改变，形态也在不断发生变化。

月球的自转导致了月球上的昼夜变化。

月球上的一昼夜约为29.5天，由于没有大气保温，月球表面的温度变化非常剧烈。月球表面温度最高时可达到127℃，最低时则只有−183℃。

由于月球自转速度与公转速度相等，因此，月球总以一面朝向地球，使月球表面有正反面之分（见图2-4-3和图2-4-4）。

我们在地球上只能看到月球的正面，而月球的背面是人类发射了探测器飞上太空以后才看到的。

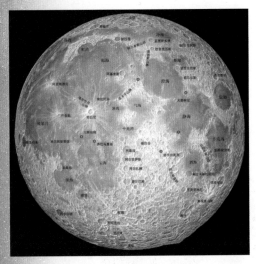

图2-4-3 月球正面图

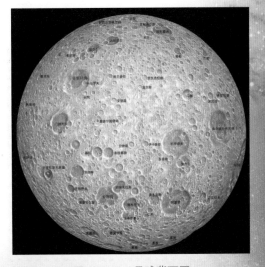

图2-4-4 月球背面图

天文故事

后羿和嫦娥

传说在4000多年前的尧帝时，有一个天神名叫羿。天帝赐他神弓，派遣他到凡间为人类除暴消灾。

羿初到人间时，天上十个太阳同时出来，大地干涸，庄稼都晒干死了，老百姓无衣无食。羿用天帝赐的神弓神箭射落了九个太阳，解除了人们的旱、热之苦，只剩下一个太阳昼出夜没，给人间带来光明与温暖。这就是"弈射九日"的神话。

话说羿射落了九日、为人民解除了疾苦，天宫西王母娘娘很赏识他的勇武，送给他一粒长生不老仙丹。

羿的妻子名字叫嫦娥，年轻貌美，聪明能干。一天，她从外面回来，一进家门，就觉得有一股清香扑鼻而来，她循着香味找去，发现羿的枕头下面藏着一颗红色的药丸，香味就是这药丸发出的。她好奇地拿起药丸仔细看，并凑近鼻子闻，终于经不住香味的诱惑，伸出舌头舔了一下，正好这时羿回来了，嫦娥心里一急，就把药丸吞下去了。

原来这药丸就是王母娘娘送给羿的长生不老仙丹，羿发现仙丹没了，就追问嫦娥，嫦娥吓得转身就跑，谁想一出门，就觉得身体轻飘飘的，腾空而起，飞上了天。后来，嫦娥飞到了月球上，住在广寒宫中。

在西方神话中，月亮是雅典娜女神，而中国古代神话则是月亮里住着嫦娥仙子。

目视观测流星雨

观测月球

月球是最容易观测的天体，肉眼可观测月球的出没、月球在星空中的运行、月相变化，以及月球表面明暗部分的位置等。

1. 观测、记录月球出与没的时刻、方位。

通过观测，比较月出、月没与日出、日落的时刻和方位逐日变化的情况有什么不同？

2. 观测月球在星空中的运行

每隔1小时做一次观测，看月球在星空中移动了多少度？

每日同一时刻做一次观测，看月球在星空中移动了多少度？

持续做观测，可以得出月球在星空中运行的轨道——白道。

观测月相

1. 月相与其出没时间的关系

一般初三开始可以看到月亮，傍晚它在日落方向附近低空，很快它就会随太阳落下去。

从农历初三开始连续做3~5天的观测，看看月相与其距离太阳的角距有什么样的关系？

月相变化与月没的时刻又有什么联系？

2. 月球表面形态的观测

在不同的月相时，对观察月面有不同的影响。月相小时更适合观察月面突出物，如环形山等。

五、星系与银河系

1. 星系

星系（galaxy）是由巨大引力束缚在一起的由几百万颗以上的恒星，以及星际气体和尘埃物质等组成的，直径数千光年至数十万光年的庞大的天体系统（见图 2-5-1）。

银河系是我们的太阳所在的星系。除了它以外的所有星系被统称为河外星系。在整个宇宙中，类似银河系的庞大星系还有数十亿个，人类已经观测到的河外星系大约有 10 亿个。

星系的形状和尺寸差异很大。

仅包含几百万颗恒星的小星系，被称为矮星系（dwarf galaxy）。大型的星系则可能由数百亿，甚至上千亿颗恒星组成。

图 2-5-1　黑眼星系

★星系分类

星系按照外形可以分为三类：旋涡星系、椭圆星系和不规则星系。在目前已经观测到的星系中，旋涡星系占 77%，椭圆星系 20%，不规则星系只占 3%。

旋涡星系 spiral galaxy（S）

旋涡星系的外形像旋涡。又可分成许多亚型（见图 2-5-2）。

旋涡星系的中心部分，通常是球形的，被称为核球（bulge）。有明显核球的为 Sa，随着核球的越来越不明显，依次称为 Sb、Sc……Sm，Sm 已经看不到核球。Sa 型的有长蛇座的 M83，后发座的 M100；Sb 型的有猎犬座的 M63，室女座的 M104，以及大熊座的 M81 等。

用罗马数字Ⅰ～Ⅴ表示旋臂的凝结程度，Ⅰ表示旋臂分布比较规则。

核心有棒状结构的称为棒旋星系（barred spiral galaxy&SB），无明显旋

图 2-5-2　旋涡星系 M31 和椭圆星系 M32 和 M110

臂的为 SO。

我们太阳系所在的银河系，著名的 M31（仙女座大星系）都是典型的旋涡星系。近年来研究的结果是，银河系还是一个棒旋星系。

椭圆星系 elliptical galaxy（E）

外形近似椭圆，呈球形或椭球形，没有漩涡。根据扁度的不同分为 8 个亚型 E0~E7，E0 最接近圆形，E7 最扁。

典型的巨型椭圆星系是室女座的 M87，质量是银河系的 5 倍。旋涡星系 M31 有两个椭圆伴星系，M32 和 M110。

不规则星系 irregular galaxy（Ir）

旋涡星系和椭圆星系以外的星系。

大、小麦哲伦星系是两个不规则星系。

实践提示

北半球最容易观测的星系是仙女座星系（M31）。秋季和冬季都很容易观测，天气好的条件下肉眼可见。

使用天文望远镜，还有不少适合观测的星系。如位于三角座的 M33，是亮度仅次于 M31 的星系，而且距离 M31 不远，可以在观测过 M31 后寻找观测。大熊座的 M81、M82 和 M101，四季都可观测（见图 2-5-3）。

用望远镜寻找大熊座双星系 M81 和 M82，这两个星系相距不足 40'，只比月球的视直径大一点，使用焦距不太长的天文望远镜，只要不用超短焦距的目镜，就可以把它们一起捕捉到。

使用大口径天文望远镜，可以在春季尝试寻找观测位于室女座的最漂亮的 M104（草帽星系）。

图 2-5-3　M81 和 M82

2. 银河系

银河系是一个旋涡星系，物质密集的区域形状为一个椭球体，被称为银盘。银盘的形状像铁饼，中间厚，边缘薄。银盘上有几条巨大的旋臂，我们的太阳就在其中的猎户旋臂边上。银盘的外围还有零散分布的恒星等物质，被称为银晕。

银河系中心最厚的地方厚度约为 1.2 万光年。银盘直径约 10 万光年。

银河系总质量约为 1 万亿个太阳质量，其中恒星质量约占 20%，大量的是星云和一些暗物质（包括黑洞），星际尘埃约占 10%。

银河系的恒星约有 2000 亿颗，球状星团约 200 个。

太阳只是银河系中的一个普通成员，太阳带着地球和太阳系的所有成员，一刻不停地环绕着银河系的中心运动，大约每 2.5 亿年围绕银河系的中心旋转 1 圈。

由于我们是在银河系内部观察它，所以我们看到银盘上密集的星汇集成了光带，这就是银河。银河在西方被称为"Milky Way"（见图 2-5-4）。

在地球上看到的明亮的恒星都位于银河系。天文学家目前已经精确测量出我们周围 500 光年范围内恒星的距离。

图 2-5-4　夏季银河

实践提示

每当夏季，我们的地球运行到了太阳的朝向银心一侧，夜晚，我们就会在南方低空看到更明亮的银河中心部分。

只是由于华海南边地势开阔，城镇光污染比较严重，为了避免光干扰，选择春末夏初的后半夜观银河更佳。

图2-5-5　冬季银河

夏季银河非常壮观，从北方的仙后座穿过头顶的天鹅座一直到南方的人马座。

此外，冬季在华海可以观银河的北半段，虽然没有银河南半段明亮，但是由于没有光污染干扰，银河也是值得一观的（见图2-5-5）。

六、深空天体

深空天体指的是天空上除太阳系天体或恒星的天体。一般来说，这些天体都不能够以肉眼见到——能用肉眼或双筒望远镜见到的只是当中的极少部分。但是它们在大望远镜中会有多样的形态、结构等特征。

深空天体主要包括星云（nebula）、双星和聚星、星团、星系团等。

1. 星云

19世纪以前，人们把太阳系以外朦胧的云雾状天体统称为星云（见图2-6-1）。

随着人类对宇宙认识的逐渐深化，人们发现，原来认识的一些星云其实是难以用肉眼和小望远镜分解出单个恒星的星团，还有些是距离我们很遥远的银河系以外的由许多恒星组成的庞大的天体系统——星系。

目前对星云的定义是：星际气体和尘埃形成的云雾状天体。

星云是宇宙中的一类比较特殊的天体，它们的体积往往很大，密度却非常小，物质弥散在空间中。

在地球上能观察到的星云都是银河星云。天文学家估计，银河系内的非恒星状气体尘埃云约占银河系总质量的5%。

图2-6-1 三叶星云

★星云的分类

星云与恒星有着不可分割的联系。有的星云里正在诞生新的恒星，有的星云则是恒星的坟墓。

星云按照形成原因和发光机制可分为发射星云、反射星云、暗星云、行星状星云、超新星遗迹、原恒星星云等类型。

根据物质组成，星云分为气体星云和尘埃云。

按照星云的形态又可以分为行星状星云、超新星遗迹和弥漫星云，弥漫星云又分亮星云和暗星云。

发射星云（emission nebula）

由炽热气体构成的云，是被位于星云中心或附近的早型恒星的强紫外辐射激发而发光的星云。

图 2-6-2 鹰状星云

典型的发射星云有人马座的 M8（礁湖星云）、M17（ω 星云）和巨蛇座的 M16（鹰状星云）（见图 2-6-2）。

反射星云（reflection nebula）

反射星云是因散射或反射邻近的低温恒星的辐射从而可见的气体和尘埃云，最亮的反射星云是猎户座的 M78。

发射星云和反射星云都是亮星云，许多星云兼有发射星云和反射星云的性质，如全天最明亮的猎户座大星云 M42（见图 2-6-3）和漂亮的人马座三叶星云等。

图 2-6-3 M42

暗星云（dark nebula）

主要是由气体和尘埃所组成，本身没有被照亮，因位于明亮的星云或恒星背景之前，挡住了后方的光而显现出来的星云。典型的有猎户座的马头星云（见图 2-6-4）、天蝎座的 B44 等。

图 2-6-4 马头星云

行星状星云（planetary nebula）

小质量恒星演化到晚期抛出的物质形成星云，在小望远镜里看起来就像一颗行星，因此被称为行星状星云，著名的有天琴座的 M57（环状星云）（见图 2-6-5）、狐狸座的 M27（哑铃星云）、英仙座的 M76（小哑铃星云）等，另外还有一些不是很容易观测到，但是相当美丽的行星状星云，如猫眼星云、蚂蚁星云等。

原恒星星云图（protostellar nebula）

高温、密集的气体和尘埃所组成的云，内部正在经历引力收缩，处于恒星形成的初期阶段。

《全天星图》将星云分为行星状星云和弥漫星云两类，《世纪天图》又把弥漫星云区分为亮云和暗云。《世纪天图》的星表还列出了比较容易观测的 22 个行星状星云、30 个发射星云、9 个反射星云、2 个暗星云和 5 个混合型星云。

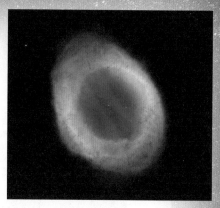

图 2-6-5　M57

实践提示

冬季观测星云

在冬季的夜空中用肉眼寻找猎户座星云（M42）。

用双筒望远镜寻找和观察 M42。

尝试用照相机直接拍摄 M42。

用单筒望远镜寻找并观察 M42，尝试用照相机接在望远镜上拍摄 M42。

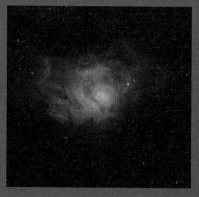

图 2-6-6　礁湖星云

夏季观测星云

在夏季的夜晚用照相机广角镜头对着南方银河拍摄，在人马座和天蝎座一带看看能拍到些什么？

那里不仅有许多著名的亮星云，还有暗星云。

使用望远镜寻找礁湖星云（见图 2-6-6）和三叶星云，尝试用照相机直接拍摄和接望远镜拍摄这两个星云。

2. 双星和聚星

夜空中的点点繁星肉眼看起来好像都是相互独立的，但是，用望远镜看，75% 的恒星都是由 2 颗以上恒星组成的恒星系统。

寻找和观测双星可以锻炼我们使用望远镜搜寻天体的能力，还可以用一些已知的双星数据来检测望远镜的分辨率。

★ 双星

由 2 颗恒星组成的恒星系统被称为双星 binary star。根据双星之间的关系，可分为物理双星和光学双星。

物理双星

物理双星是一对在引力作用下绕着共同质量中心运行的恒星（见图 2-6-7）。

图 2-6-7 物理双星概念图

光学双星

光学双星 optical double 相互之间没有关系，只是从地球上看来，它们靠得比较近。《世纪天图》中绘出了角距超过 200" 的子星。

严格来说，光学双星算不上是天体系统，然而从专业天文观测的角度讲，观测它们也有意义。

根据观测条件的不同，物理双星又可分为目视双星、分光双星、食双星等类型。

目视双星

目视双星是通过望远镜能够直接用眼睛分辨出来的双星，两子星之间的角距大于 0.5"，是业余双星观测的主要目标。截至 1986 年，已发现近 8 万对。

借助于一台小望远镜，稍微放大一下，天鹅座 β（见图 2-6-8）就会由一个明亮的点光源变成一个美丽的、由两种截然不同的颜色组成的双星，两颗明亮的子星离我们的距离约 380 光年，它们彼此之间有相当一段距离，完成一次相互绕转要花 7000 年以上的时间。那颗更亮一点的黄色恒星本身又是一个双星系统，不过由于子星靠得太紧密了，所以即使用望远镜也无法区分。

分光双星

分光双星的两子星相距较近，在望远镜中用肉眼难以分开，要通过观测其光谱的周期性变化来判定。已发现约 5000 对。

食双星

绕转轨道面与我们的视线接近平行，能发生相互掩食现象的系统。由于掩食过程会使其亮度呈现周期性变化，又被称为食变星。

图 2-6-8 天鹅座 β

密近双星

密近双星的两子星相距很近，相互间有物质的交换。

搜索双星信息

Starrynight4.0 以角距 10" 为限划分了双星（火星冲前后的视直径约为 10"）。

Skymap10.0 可以根据设定的极限星等列出双星表。在菜单 Search 下 List 中点 Double Stars 就会列出所有双星，选中一颗点击 Info，就给出了这颗星的详细信息（见图 2-6-9）。

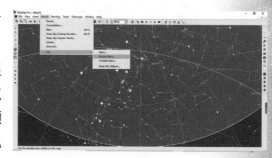

图 2-6-9 Skymap10.0 搜索双星

★聚星

三颗至十颗左右恒星组成的系统被称为聚星（multiple star），也可以根据系统的星数称其为三合星、四合星等（见图 2-6-10）。

聚星常常两两成对组合，如三合星中有两颗靠得很近，另一颗离得远些，四合星是由相互靠近的两对星组成，六合星则是三对，又会是两对比较靠近，另一对离得较远。

1999 年《天文馆研究》一书给出了 90 组著名双星、聚星的数据。

★主星和伴星

天文观测中，将双星中较亮的称为主星，较暗的称为伴星。事实上，物理双星中较亮的质量并不一定就较大。从物理学角度看，质量大的应该被看作是主星。

图 2-6-10 三合星的行星上的天空（概念图）

实践提示

寻找并观测目视双星

肉眼观察北斗七星中的第六颗星，也就是大熊座 ζ（开阳），你能分辨出它是两颗星吗？

用望远镜对准开阳，仔细观察并尝试用照相机拍照这对目视双星。

根据下表给出的数据，自由选择 2~4 颗双星，用望远镜寻找并观察它们。也可以利用 1999 年《天文馆研究》或者 Skymap9.0 的数据查找双星进行观测（见表 2-6-1）。

表 2-6-1　双星表摘要

星名	A 亮度 /m	B 亮度 /m	角距 / (")	星名	A 亮度 /m	B 亮度 /m	角距 / (")
仙后 γ	3.6	7.2	12.2	御夫 θ	2.6	10.7	55
白羊 γ	4.8	4.8	7.7	麒麟 8	4.3	6.7	13.4
仙女 γ	2.3	5.1	9.8	麒麟 β	4.7	5.2	7.3
小熊 α	2.1	9.1	18.4	双子 α	1.9	9.3	72.5
鲸鱼 γ	3.6	7.4	2.8	巨蟹 ι	4.2	6.6	30.5
英仙 ζ	2.9	9.5	96	狮子 54	4.5	6.3	6.5
波江 32	5.0	6.3	6.8	鹿豹 Σ1694	5.3	5.8	21.6
英仙 ε	2.9	8.2	8.8	猎犬 α	2.9	5.4	19.6
金牛 α	-0.85	11.3	128	室女 θ	4.4	9.4	7.1
御夫 ω	5.1	8.1	5.4	牧夫 κ	4.6	6.6	13.5
猎户 β	0.1	8.?	9.5	天蝎 β	2.9	5.1	13.6
猎户 λ	3.4	5.6	4.4	天龙 40	5.8	6.2	19.0
猎户 ι	2.9	7.0	11.3	天琴 α	0.0	9.5	74
猎户 σ	3.7	6.5	41.6	天鹅 β	3.2	5.4	34.3

3. 星团

由 10 颗以上相互之间有引力作用的恒星聚集在空间不大的区域里，组成的天体系统称为星团（cluster）。在地球上观测到的都是银河系内的星团（见图 2-6-11）。

星团分为疏散星团和球状星团两大类。

★疏散星团 open cluster

疏散星团组成成员较少，一般由数十到数千颗恒星组成；相互之间距离较远，可在望远镜中分解。

疏散星团明显集中分布在银道附近，因此又被称为银河星团。

目前观测到的疏散星团有1000

图2-6-11　夏季南部银河

多个，估计银河系中有2万个左右。著名的有巨蟹座的M44（蜂巢星团），金牛座的毕星团和M45（昴星团），大犬座的M41，御夫座的M36、M37、M38，天蝎座的M6、M7，以及英仙座的双星团NGC869和NGC884等。

毕星团

毕星团在中国古代星宿中属于毕宿，所以我们称其为"毕星团"。

毕星团是距离我们最近的疏散星团，距离太阳系约为153光年。由约400颗恒星组成。

图2-6-12　昴星团

昴星团

昴星团在中国古代星宿中属于昴宿。古人用肉眼可以区分出大约7颗恒星，所以又称其为"七姐妹星团"（见图2-6-12）。

昴星团距离太阳系大约417光年，由大约400颗年龄在5000万年左右的年轻恒星组成，在长时间曝光的照片中，其原始星云的云气还隐约可见。

蜂巢星团

蜂巢星团在中国古代星宿中属于鬼宿，也被称为"鬼星团"。肉眼观察为模糊一团，但用小望远镜就可以很容易区分其成员星。

★球状星团 globular cluster

球状星团中的恒星较多，一般由数千至数百万颗恒星组成，外形接近球形，相互距离较近，尤其中心恒星分布非常密集。球状星团多数存在于星系晕中，以老年恒星为主，一般年龄在120亿年以上。

目前已发现的银河系内球状星团有130多个，估计银河系中约有500个球状星团。著名的有M3、M13、M22、M55等（见图2-6-13）。

ω 星团

ω 星团是全天最亮的球状星团，位于半人马座，距离太阳系17000光年，由数百万颗恒星组成。

M13

M13位于武仙座，是北半球肉眼可见的球状星团。

《世纪天图星表》列出了一些比较容易观测的疏散星团和球状星团。

图 2-6-13 M13

实践提示

夏季观测星团

夏季是银河最明亮的季节，适合寻找观测疏散星团。

用双筒望远镜对准银河最明亮的区域，可以很容易发现疏散星团，如天蝎座的M6、M7，人马座的M18、M21、M23、M25，天鹅座的M29、M39，以及仙后座的M52等。

北半球最亮的球状星团M13也要在夏季观看。

冬季观测星团

冬季虽然没有明亮的银河，最亮的疏散星团却是在冬季。

在冬季的傍晚，金牛座的毕星团和昴星团，大犬座的M41和御夫座的M36、M37、M38，以及双子座的M35都很容易看到。

4. 星系团

就像恒星经常组成双星或者星团一样，星系也常常是聚集成星系团（galaxy cluster）的，如我们的银河系就是和大小麦哲伦星系聚集成的三合星系，还有狮子座三重星系M65、M66和NGC3627等（见图2-6-14）。

图 2-6-14　狮子座三重星系

星系团 galaxy cluster 一般由被引力束缚在一起的数百个乃至上千个星系组成。

★本星系群 Local Group

本星系群是银河系所在的星系集团，包括大约 50 个星系，由于星系数量不很多，因而不称其为星系团，而被称为星系群。本星系群有 M31、银河系和三角座的 M33 三个大星系，以及 M32、M110、大麦哲伦星系、小麦哲伦星系等 40 多个矮星系。

本星系群中最大的星系是 M31，距离我们最近的星系是大麦哲伦星系，距离约为 16 万光年。由于距离很近，大麦哲伦星系也是占天区面积最大的，它横跨了 5 度的天区范围。

★本超星系团 Local supercluster

本星系群所在的超星系团，范围有一亿光年，最大成员是室女座星系团。

★室女座星系团 Virgo Cluster

室女座星系团中心距离银河系中心约为 7000 万光年是距离我们最近的巨大星系团，其中有超过 2000 个星系（见图 2-6-15）。

贯穿室女座星系团的中心有一串显眼的星系，它被称为马卡良星系链。在图的右下方，是星系 M84 和 M86，左上方是 M88。

图 2-6-15　室女座星系团中的马卡良星系链

★后发座星系团 Coma Cluster

后发座星系团是著名的密集星系团之一，距离约为 3.2 亿光年，延伸宽度达数百万光年。它包含 1000 多个星系，以及数千个矮星系。每一个星系具有数十亿颗恒星。后发座星系团里的星系多数是椭圆星系，只有星系团外才有漩涡星系。

★武仙座星系团 Hercules Cluster

武仙座星系团，距离约为 5 亿光年，星系团的宽度约为 400 万光年。其间充满了尘埃云气，以及正在形成恒星的漩涡星系，但椭圆星系相对较少，因为这些星系内缺少形成新恒星所需要的尘埃和气体。武仙座星系团本身可能是小星系团合并的结果。

5. 类星体

类星体是遥远的河外星系里明亮的活动星系核。在这样的星系核内部存在着质量为上百万倍太阳质量的超大质量黑洞。超大质量黑洞大量吸积周围的物质，物质在落入黑洞的同时会释放出巨大的能量，使其亮度超乎寻常。

由于类星体的超亮特征，目前发现的最遥远的天体都是类星体。

在图 2-6-16 的星系团中心，可以看到有一些奇怪的被拉伸的星系，这只是因为一个完整的星系团就像一个巨大的引力透镜，能使物体的光扭曲或增加。在星系团中心有五颗明亮的白点，它们都是遥远类星体的图像。这个星系团编号为 SDSSJ1004+4112，位于小狮座内，距离为 70 亿光年。

图 2-6-16　星系团 SDSSJ1004+4112

实践提示

观测本星系群星系

用望远镜寻找本星系群的星系：仙女座大星系 M31、M32、M110、M33 等。

观察室女座星系团

室女座星系团是星空中可见星系最密集的天区，但需要大口径的望远镜才能区分出更多的星系，小口径的望远镜观看的感觉只是一些模糊的天体。

寻找和观察其他星系团

用大口径天文望远镜寻找和观察后发座星系团、武仙座星系团或通过资料搜索选择适合现有设备观测的其他星系团。

6. 梅西叶天体

在许多星图上，都可以看到以 M 打头编号的天体。

这就是一组特别的天体——梅西叶天体 Messier objects，它们不是一种天体，而是一种对于天体命名的方法，这些天体是用小望远镜看起来有些像彗星的天体。

200 多年前，法国天文学家查理·梅西叶热衷于搜寻和观测彗星，可是，星空中有一些天体非常容易与彗星混淆，为了不让这些天体搅乱了视线，更好地搜寻彗星，他把这些天体编成了一个表——梅西叶天体表。

梅西叶天体表包括了 110 个天体，其中大部分是星云、星团和星系，只有个别（M40）属于其他类型。

今天，我们知道星空中类似彗星的天体成千上万，但是，由于梅西叶天体是其中最亮，也是最容易观测的，因此，它们仍旧是业余天文爱好者的最爱。就是一些专业的天文工作者，在研究之暇也热衷于搜寻和观测它们。

★梅西叶天体观测马拉松

"梅西叶天体观测马拉松"是天文爱好者创造的一个自娱型的竞赛活动。这一竞赛不设裁判，没有物质奖励，但是，能在一夜看到最多的梅西叶天体，可以说是大自然对观测者的最好奖励（见图 2-6-17）。

看《全天星图》，我们可以发现以春分点为中心的天区梅西叶天体最稀少。也就是说，当太阳位于春分点附近时，最有利于搜寻和观测梅西叶天体。因此梅西叶天体观测马拉松一般选择 3 月底到 4 月初。

观测梅西叶天体要选择没有月光的晴朗夜晚，周围没有地面光的开阔地进行观测。

有些梅西叶天体适合用双筒望远镜观测，也有些适合用单筒望远镜，有些明亮的用小望远镜（如寻星镜）就可以看清楚，还有的甚至可以用肉眼找到。

外出观测之前，应先在星图上熟悉它们的位置，并制订出观测计划。

《全天星图》（历元 2000 年）上，有这 110 个天体的准确位置，以 M 打头，后面是它们的梅西叶天体编号。《世纪天图》有它们的索引和微型图集。

《梅西叶天体表》中给出的亮度是总亮度，对于有一定面积的天体来说，同样亮度的天体，面积越大，看起来就要越暗一些。

根据《梅西叶天体表》，在星图上找到它们在星座中的位置，大约从日落后一小时开始观测，到日出前一小时结束。

图 2-6-17　仙女座附近的梅西叶天体

日落后，要先从西方天区开始搜寻，逐渐向东。按照计划的顺序寻找，可以先从亮度最大、面积最小的开始寻找，过暗的一时找不到可先放弃。

《天文爱好者》杂志 2014 年第 3 期详细介绍了"梅西叶天体观测马拉松"的战术要点，可以参考。

在做"梅西叶天体观测马拉松"之前，可以在其他季节先做几次观测练习，熟悉梅西叶天体，同时熟悉不同天体适合利用的望远镜，在做"马拉松"的时候就不会手忙脚乱了。

实践提示

搜寻和观测梅西叶天体

夏季观梅西叶天体（见图 2-6-18）

夏季梅西叶天体集中的天区是南部银河附近的人马座、天蝎座一带，可以从寻找那里的疏散星团和星云开始。

秋季观梅西叶天体

秋季我们可以看到北半球最亮的星系 M31，可以从这里开始向周围扩展，M32、M110、M33、M81、M82……

图 2-6-18　夏季银河中心附近的梅西叶天体

冬季观梅西叶天体

冬季自然要从 M42（猎户座大星云）开始观测了，还有 M45（昴星团），然后是 M41、M35、M36、M37、M38……

春季观梅西叶天体

做了三个季节的梅西叶天体观测，我们就可以尝试一次梅西叶天体马拉松了。

选一个晴朗无月的夜晚（农历廿八 — 初三），最好第二天是假日，找一个周围光干扰最少的地方，准备一台双筒望远镜，一台单筒望远镜，做一个通宵的观测，看看你能搜索到多少个梅西叶天体？

七、特殊天象观测

1. 日食及其观测

★古人对日食的认识

日食,特别是日全食,是天空中颇为壮观的景象。

在晴天发生日全食,人们可以看到:圆圆的太阳会出现一个弧形的缺口(见图 2-7-1),然后所缺的面积逐渐扩大,直至明亮的太阳圆面全部消失。

古人不知道发生了什么事,于是猜测,是天上的天狗把太阳吞吃了。所以,每当日食发生,人们就敲锣打鼓,甚至把家里能弄出响声的东西都拿来敲,以吓走天狗,让它把太阳吐出来。

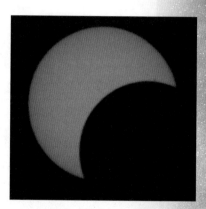

图 2-7-1 日偏食

★中国古代有关日食的记载

中国《书经》中有世界最早的日食记录(公元前 2137 年)"乃季秋月朔,辰集于房,瞽(gǔ)奏鼓,啬夫驰,庶人走"。

公元前十四世纪,殷朝甲骨文中有日食和月食的常规记录,"癸酉贞:日月有食,佳若?癸酉贞:日月有食,非若?"(见图 2-7-2)。

《诗经·小雅》中有一首"十月之交",据专家考证,记载的是公元前 776 年 8 月 21 日的月食和 9 月 6 日的日食。这是世界上最早的可靠的日食记事,也是古人对日月食认识的典型代表。

十月之交,朔日辛卯。日有食之,亦孔之丑。彼月而微,此日而微;近此下民,亦孔之哀!

日月告凶,不用其行。四国无政,不用其良。彼月而食,则维其常;此日而食,于何不臧!

自春秋战国以来,我国有关日食的记载就开始系统化,到清朝初期,载入正史的日食记录已经有 916 次。

★日食的形成和分类

公元前 350 年左右,战国时,中国古人(石申)已认识到日月食是天体之间的相互遮掩现象。

图 2-7-2 甲骨文

在月球围绕地球转动的同时，地球又带着月球一起绕着太阳公转，当月球运行到太阳和地球之间，三者差不多成一直线时，月影挡住了太阳，于是就发生了日食。

由于地球绕太阳和月球绕地球公转的轨道都是椭圆，所以，太阳和月球的视直径都有微小的变化。

月球的最大视直径为 33'31"，最小视直径为 29'22"。

太阳的最大视直径为 32'33"，最小视直径为 31'28"。

月影有本影、伪本影（本影的延长部分）和半影。

日食根据地面见到日面被食的状况，也就是位于月影的部位不同，分为日全食、日环食和日偏食。

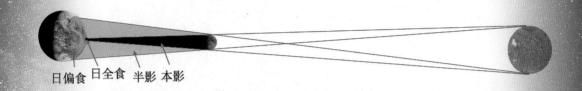

图 2-7-3　日全食形成示意图

如图 2-7-3 所示，在月球本影扫过的地方，太阳光全部被遮住，所看到的是日全食。在半影扫过的地方，月球仅遮住日面的一部分，看到的是日偏食。

当月球本影达不到地面，而是它延伸出的伪本影扫到地面，如图 2-7-4 所示，此时太阳中央的绝大部分被遮住，在周围留有一圈明亮的光环，这就是日环食。

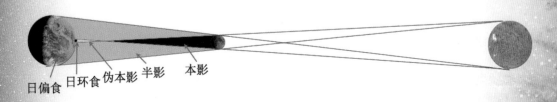

图 2-7-4　日环食形成示意图

日环食和日全食统称为中心食。

一次日食，在地球上的不同地方，可能看到不同的情况，中心食的食带一般宽度在数十千米到 300 千米之间，在中心食带的两侧，可以看到不同食分的偏食。

还有一种极其特殊的情况，当日食发生时，一段时间月球的本影扫在地球上，而另一段时间则变成了伪本影。这样，本影扫过的区域发生了日全食，而伪本影扫过的区域则发生日环食，如图 2-7-5 所示。因此，这次日食从全球来说就是混合食，被称为"全环食"。

图 2-7-5　2012 年 5 月 21 日日环食

★日食预报

公元前七世纪，巴比伦人发现日月食循环的沙罗周期（Saros），为 6585.32 日（223 个朔望月，19 个交点年）。

相差一个沙罗周期，会发生类似的日食或月食，只是见食地区在地球上会西移近 120°。如 2017 年 8 月美国发生的日全食，正好和 2035 年 9 月中国将发生的日食相差一个沙罗周期。

一个 Saros 中平均有 43 次日食和 28 次月食。

食限

在朔日，并不是日月都要正好在黄白交点时才会发生日食，只要太阳中心与黄白交点小于一定的角距就可能发生日食，这一角距被称为食限。

日中心食的下限为 10°6′，上限为 11°31′。

日偏食的下限为 15°21′，上限为 18°31′。

太阳进入中心食下限就一定发生日全食或日环食，在下限与上限之间则可能发生中心食，在中心食上限与偏食下限之间一定发生日偏食，在上限之外则一定不会发生日食。如图 2-7-6 所示，太阳位于 1 时一定不会发生日食，2 可能会发生日偏食，也可能发生日中心食，3 和 4 一定会发生中心食，5 一定发生日偏食，6 可能发生日偏食，也可能不发生日食。

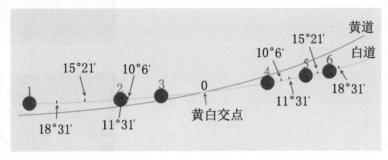

图 2-7-6　日食食限示意图

日食知多少

全球日食：约 237 次／百年，其中全食 67 次，环食 82 次，偏食 83 次，全环食 5 次。

食分

食甚时月影遮掩住的太阳部分与太阳视直径之比称为食分。如图 2-7-7 所示，日偏食的食分=BC/AC。

中心食的食分为月球视直径与太阳视直径之比。日全食食分大于 1，日环食食分小于 1。

日食资料

《天文爱好者增刊——天象大观》有当年发生日食的详细资料，Skymap 则详细列出了前后数百年甚至上千年的日食情况。

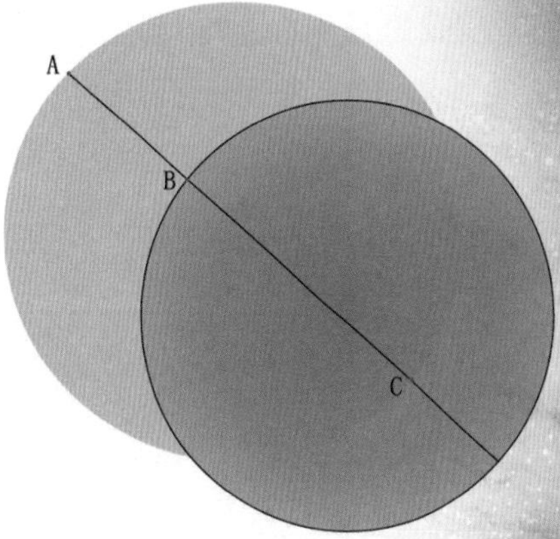

中国未来 20 年可见日中心食。

图 2-7-7　日偏食食分示意图

2034 年 3 月 20 日，日全食，我国极西部可见。

2035 年 9 月 2 日，日全食，我国北纬 40° 附近大部分地区都可见。

★日食观测的意义

日全食不仅是壮观的自然景象，还有重要的科研价值。

古人观测日食用于修正历法。如果一次日食没有发生在初一，就说明历法推算有误。

日全食是观察研究太阳外层大气的大好时机。

当太阳被月影遮挡得只剩下一个月牙形时，天空逐渐昏暗下来；当太阳全被遮住时，就如同夜幕降临，我们会看到，在原来太阳的位置四周喷射出皎洁悦目的淡蓝色的日冕和红色的日珥，图 2-7-8 是 2017 年 8 月 22 日日全食拍摄的，图上可见一个大日珥以及多个小日珥。

图 2-7-8　日全食时的日珥

在全食即将开始或结束时，太阳圆面被月球圆面遮住，只剩下一丝极细的环时，往往会出现一串发光的亮点，像是一串晶莹剔透的珍珠，被称为倍利珠，如图 2-7-9 所示。

倍利珠是由月球表面的环形山而形成的。英国天文学家倍利（Berrie）于 1838 年和 1842 年首先描述并研究了这种现象。

日全食时，由于完全位于月球的影子中，地球受太阳的各种影响降到最低，地球的电离层、磁层和气象都会有明显变化，所以，日全食对研究地球高层大气、地磁和气象变化也有重要意义。

图 2-7-9　倍利珠和日珥

★ 日食过程

日食是月球在绕地球运行的过程中视运动追赶太阳的过程。

一次日食，地球上西边的地方最先见到，然后，食带逐渐向东移。

从日面上看，月影也是从西边进入，最后从东边离去。图 2-7-10 是 2019 年 7 月 2 日智利日全食全过程图。

图 2-7-10　日全食全过程

日食的几个阶段

不同类型的日食有三个相同的食相见表 2-7-1。

初亏：月影与太阳接触的瞬间，如图 2-7-11 所示。

食既：月影完全遮挡住太阳的瞬间。

环食始：月影完全进入太阳圆面的瞬间，如图 2-7-12 所示。

食甚：食分最大的时刻，如图 2-7-13 所示。

生光：月影结束完全遮挡太阳，太阳光开始出现的瞬间。

环食终：月影走出太阳圆面的瞬间，如图 2-7-14 所示。

复圆：月影与太阳分离的瞬间。

表 2-7-1 不同类型的日食食相

日全食	日环食	日偏食
初亏	初亏	初亏
食既	环食始	
食甚	食甚	食甚
生光	环食终	
复圆	复圆	复圆

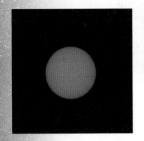   

图 2-7-11 初亏　　　图 2-7-12 环食始　　　图 2-7-13 食甚　　　图 2-7-14 环食终

日食持续的时间

一次日食从初亏到复圆的全过程不超过 3 小时，中心食的时间最长不超过 8 分钟。

★**日食观测方法**

观测日食主要有目视观测、望远镜投影、照相观测等方法。

观测须知

必须使用减光装置。因为太阳太明亮了，所以，无论是目视观测，还是用仪器设备观测，为了保护眼睛和设备，都需要有减光装置。只有在全食的短暂时间里，不需要减光装置。

目视观测

有专用的太阳观测眼镜，如果使用墨镜，必须是很黑的那种，如电焊用的墨镜。X 光片等不能过滤阻挡紫外线，对眼睛是不安全的。

目视观测确定日食各阶段开始的时刻，用秒表计时（精确到秒）；粗略估计食相。

望远镜目视观测

望远镜物镜前加观测太阳专用滤镜，如巴德膜后，可直接观测。

望远镜投影

不需要使用滤光片，口径稍大的望远镜可以在物镜前加一个光栏。但是必须要使用专门的目镜（耐高温）。一般双筒望远镜可以用于投影观测。

可以准确描绘日食各时段的食相（见图 2-7-15）。

图 2-7-15　日全食日冕

照相观测

太阳的亮度太大，需要灰滤光片（ND 系列）把收入的光减少到适当的量。由于灰滤光片价格较高，目前大多使用巴德膜代替，有指数为 3.8 和 5.0 两种。

特别提醒：拍摄日全食时的太阳不仅不能用滤光片，还需要延长曝光时间。所以，还需要三脚架和快门线。日全食时延时曝光可以拍摄到美丽的日冕。

可拍摄的项目：望远镜拍摄单个像、长焦距照相机拍摄单个像或小组照、标准镜头或小广角拍摄日食全过程摄影（串像）等。

日全食是极难得的现象，经常要长途跋涉去观测，充分的准备是成功的必要条件。

实验：望远镜、照相机，以及配套装置、设备、材料都要模拟实际情况进行可靠性实验。

制订拍摄计划：在实验成功的基础上制订拍摄计划。

演习：提前到达观测地，在观测前 24 小时做实地观测演习。

实践提示

利用天文软件查阅日食信息

利用 Skymap 或 Occult 等软件查阅最近一两年是否有日食发生？属于哪类日食？在什么地方可以看到日食？

在 Skymap 的 Tools 栏目下，可在 Eclipses 中的 Solar Eclipses 了解自己所在地的见食情况，Total（日全食），Partial（日偏食），Annular（日环食），Hybrid（日全环食）。

图 2-7-16 双筒望远镜投影观测

Occult 查阅日食举例见本书天文软件部分。

使用望远镜 + 巴德膜观察太阳

不要使用寻星镜，寻星镜的十字丝有可能被烤化。在主镜上加巴德膜后，搜索到太阳，练习调整焦距到太阳图像清晰。

做太阳投影

尝试用双筒望远镜做太阳投影，如图 2-7-16 所示。双筒望远镜最好能用三脚架固定。投影观测太阳要达到影像清晰，不仅要调整望远镜的焦距，还要同时调整投影板与望远镜的距离，此外，制作适当的遮阳板会提高观测质量。

小孔成像

小孔成像是利用光的直线传播原理观测太阳的方法，如图 2-7-17 所示。不需任何设备，只要有小孔的条件。小孔的条件可以是树叶之间的间隙，也可以寻找有一定空隙的器物，如筛子，笊篱等，还可以自己制作一定的图案。

图 2-7-17 小孔成像

做小孔成像时，要注意孔不一定是圆形的，但孔的大小与密度要适度，过小、过密的孔不能成功。需要提前做好实验。

拍摄太阳的试验

在照相机镜头或望远镜主镜前加上巴德膜，对准太阳，调整焦距，设置 ISO100 或 200，光圈 11~22，曝光速度可根据实际情况调整，一般在 1/100~1/1000。拍摄出来的太阳应该是淡黄色的，如果是白色的，属于曝光过度，红色的则曝光不足，只有在日出和日落，或云雾比较浓时，太阳会是红色的，如图 2-7-18 所示。

图 2-7-18 2020 年 6 月 21 日日环食（北京日偏食）

2. 月食及其观测

月食虽然没有日食那么壮观，但同样是不用仪器也可以观测到的天象。所以，很久以前，人类就开始注意它了。

公元前 2283 年，美索不达米亚人就开始记录月食。在中国，公元前 1136 年开始有月食记载。

1800 多年前，汉代天文学家张衡阐明了月食原理。

★月食的形成

月食的原理和日食类似，但又不完全相同。

相同的是月食和日食都是地月相互遮挡而形成的。

不同的方面主要包括：

时间：日食发生在朔日，月食发生在望日（不一定是在农历十五）。

全食时的状况：日食时日面全变黑，月食不全黑，而是呈现铜红色，原因是地球大气层对太阳光的折射、散射作用。如图 2-7-19 所示。

★月食的类型

地球的直径约为月球的 4 倍，地影的长度也就比月影约长 4 倍，所以，月球绝不可能进入地球的伪本影内，也就不会出现月环食。

月食类型包括月全食，月偏食以及半影月食三种。

半影月食

如图 2-7-20 所示，当月球进入地球的半影时，出现半影月食，由于这时月球的亮度减弱得很少，一般用肉眼不易察觉到变化，难以观测。

图 2-7-19 月全食

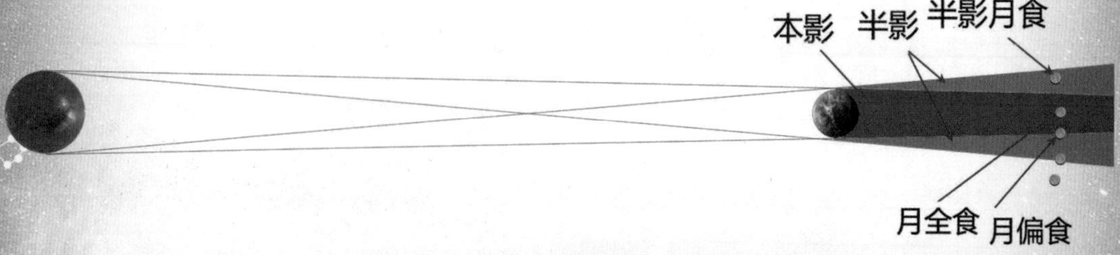

图 2-7-20　月食的形成

月偏食

当地球本影遮住月球的一部分时，出现月偏食。

月全食

当月球全部进入地球本影时，出现月全食。

★月食预报

月食的食限

与日食的食限类似，在望日，当月球中心与黄白交点小于一定的角距就可能发生月食。月全食的下限为 4°6'，上限为 6°0'；月偏食的下限为 10°6'，上限为 11°54'；半影月食的下限为 16°12'，上限为 18°18'。

食季

当月球位于食限内就进入食季。

月食的频率

一个食年（月球两次过黄白升交点的时间间隔）约为 346.62 天，其中有两个食季，由于本影月食的食限最大只有不足 12°，因此在一个食季中最多只可能发生 1 次本影月食。因此，对全地球而言，一年内最多发生 3 次本影月食，有的年份 1 次也不发生。

平均一个世纪内月全食出现的次数为 70.4 次，占月食次数的 28.94%；月偏食出现的次数为 83.3 次，占 34.46%；半影月食出现的次数为 89.0 次，占 36.60%。

由于日食的食季长，月食的食季短，一个日食季可能发生两次日食，故日食的频率大于月食，每年至少会发生两次日食，最多可有 5 次。为什么日食发生的次数比月食多，而人们却总是看到月食的机会比日食多呢？

这是由于日食带的范围小，地球上只有局部地区可见；而月食一旦发生，处于夜晚的半个地球都可以看到，因此人们看到月食的机会比日食多。

月食预报资源

《天文爱好者增刊——天象大观》有当年发生月食的详细资料。

Occult4.0 的 Eclipses & Transits 下的月食预报可以根据所选月食绘制月食各阶段食相图，如图 2-7-21 中间左边的图，并给出各阶段地球上可见月食的区域图，如图上最下面的 7 个图。

在 Skymap 的 Tools 栏目下，可在 Eclipses 中的 Lunar Eclipses 了解自己所在地可见月食的情况，Total（月全食），Partial（月偏食），Penumbral（半影月食）。

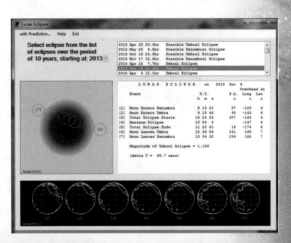

图 2-7-21　Occult4.0 的月食预报

在 tables 中的 Lunar Eclipses Part 5 中则列出了 2001 年—3000 年发生月食的一些基本数据。

★月食的观测

观测月食的意义

公元前 4 世纪,亚里士多德从月食时看到的地球影子是圆的,而推断地球是球形的。

公元前 3 世纪的古希腊天文学家阿利斯塔克(Aristarchus)和公元前 2 世纪的伊巴谷(Hipparchus)都提出通过月食测定太阳 - 地球 - 月球系统的相对大小。

在火箭和人造地球卫星出现之前,科学家一直通过观测月食来探索地球的大气结构。

月食过程

月食是月球视运动追赶地球影子的过程。所以,月食过程和日食过程正好相反,月食是从月面的东边开始。

在月球轨道处,地球本影的直径约为月球直径的 2.5 倍左右,因此,月全食本影食的过程也比日全食要长得多。在图 2-7-21 Occult4.0 的月食预报图上,中间的深色部分是地球本影,外围浅色的部分是地球半影,7 个小圆圈表示月食各阶段在地影中的位置,右边是 7 个阶段和食甚食分等的数据。下面的 7 个图显示了月食各阶段可见食的半个地球。

月全食的过程较日全食的过程长,最长的全食阶段可达近 2 小时,本影食阶段可达近 4 个小时,半影食阶段则可达 6 个小时。下面的照片是 2018 年 1 月 31 日—2 月 1 日月全食,包括了从半影食始(1 月 31 日 18:51)到半影食终(2 月 1 日 00:08)的全过程,如图 2-7-22 所示。

月全食的过程分为半影食始、初亏、食既、食甚、生光、复圆、半影食终七个阶段。

图 2-7-22　2018 年 1 月 31 日—2 月 1 日月全食全过程

1. 半影食始：月球开始进入地球半影。

2. 初亏：月球刚接触地球本影。

3. 食既：月球的西边缘与地球本影的西边缘内切，月球刚好全部进入地球本影内。

4. 食甚：月球的中心与地球本影的中心最近。

5. 生光：月球东边缘与地球本影东边缘相内切，这时全食阶段结束。

6. 复圆：月球的西边缘与地球本影东边缘相外切，这时月食全过程结束。

7. 半影食终：月球走出地球半影。

食分：本影月食的食分等于月球在食甚时深入地球本影的最远距离与月球视直径之比，月全食等于或大于1，月偏食小于1。半影月食的食分则为月球在食甚时深入地球半影的最远距离与月球视直径之比，一般食分大于0.7的半影月食能感觉到亮度有微小变化。

月食的目视观测

目视观测月食通常只观测本影食。可以直接用肉眼观测，也可以借助小望远镜观测。

绘图记录月食食相，并填表记录每幅图的绘制时刻。

月食的照相观测

普通照相机可以拍摄带地景的月食像，也可以拍摄月全食全过程串像，如图2-7-22，但由于月食时间比较长，需要超广角镜头拍摄后，再利用软件叠加。200mm以上焦距的镜头或接望远镜可以拍摄比较大的特写照片。

实践提示

拍摄月球实验

用三脚架固定照相机，选择合适的地面景物（有不太亮的光照，不遮挡月球），尝试不同的曝光参数，使拍摄出的月球上明暗部分都清晰可见，每隔3~4分钟拍摄一幅月球照片，连续拍摄1小时。如图2-7-23所示。

查阅月食信息

利用《天文爱好者》杂志或天文软件查找月食信息，近期是否有我国境内可见的月食发生？

如果有适合观测的月食，制订计划，做一次月食观测活动。

图 2-7-23 拍摄月球实验

3. 掩星、凌星及其观测

★ 掩星 Occultation

掩星是某天体在另一视直径较小的天体前经过时，造成后一天体暂时变暗或完全不可见的现象。

掩星是在最近一二十年开始受到爱好者关注的观测项目，是研究天体的重要时机。

掩星的类型

地球上可能看到的天体发生掩星现象的是，距离地球比较近的天体有可能遮挡较远的天体。

将天体由近及远排序：

月球、行星及其卫星（包括小行星）、恒星。

月球可能掩行星和恒星。

大行星可能掩其卫星，大行星和小行星可能掩恒星。

木星是太阳系中最大的行星，也是拥有众多大卫星的行星，木星掩食其 4 个伽利略卫星是天文爱好者长期以来喜欢观测的内容之一。

掩星的预报

《天文爱好者》杂志每期会登载一些月掩星和小行星掩星的信息。Occult 是查阅掩星的重要资源。

掩星的观测

肉眼可见的掩星并不常见，如月掩 6 等以上恒星或亮行星，因此，大部分月掩星需要借助望远镜，或摄影摄像。

目视观测

可以使用单筒望远镜或双筒望远镜接三脚架观测，用秒表计时，记录掩星发生的时刻。

照相观测

月掩星是最容易进行照相观测的。在预报掩星发生的时刻开始前，对准月球拍摄即可。可以使用照相机接望远镜，也可以直接用照相机长焦距镜头拍摄。

行星掩星和小行星掩星时间比较短，亮度变化相对小，要尽量使用大口径望远镜接照相机、高 ISO、短曝光时间慢速连续拍摄。

★ 凌 transit

凌是较小天体在较大天体前经过的过程。

地球上最容易观测的是水星和金星凌日。

稍微大一些的望远镜可以观测木卫凌木。

目前，天文学家寻找系外行星的一个重要方法就是凌星法。

金星凌日

金星轨道与黄道有 3.4° 的倾角，地球经过金星轨道与黄道交点的时间是 6 月 7 日和 12 月 9 日，因此，只有在这两个日子前后金星下合，才有可能发生金星凌日。

上一组金星凌日发生在 2004 年 6 月 8 日和 2012 年 6 月 6 日，如图 2-7-24 所示。下一组将发生在 2117 年 12 月 11 日和 2125 年 12 月 8 日。

水星凌日

水星轨道与黄道有 7° 的倾角，地球经过金星轨道与黄道交点的时间是 5 月 8 日和 11 月 10 日，水星也只能在这两个日子前后下合，才有可能发生凌日。

因为水星的会合周期短，所以水星凌日的几率要高一些。上一组发生在 2016 年 5 月 9 日和 2019 年 11 月 11 日，下一组将发生在 2032 年 11 月 13 日和 2039 年 11 月 7 日。

木卫凌木

木卫的公转速度很快，以小望远镜可以观测到的木星的四个伽利略卫星来说，木卫一公转一周只有大约 2 天，最慢的木卫四也只有 16 天多点，所以凌木的机会比较多，容易观测。

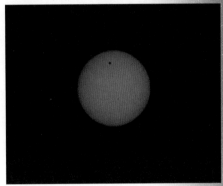

图 2-7-24　2012 年 6 月 6 日金星凌日

实践提示

观测月掩星

查阅《天文爱好者》杂志，或 Occult4.0，看看近期有没有月掩 6 等以上星的现象，做一次观测实践活动。

目视观测月掩星

用秒表计时，记录掩星发生的时刻，看看与预报时刻是否一致，如果不一致，相差多少？

拍摄月掩星

要根据月相选择曝光，多试几个不同的曝光值。

观测木卫凌木

查阅《天文爱好者》木卫运行图，选择适当的时间做一次观测。

需使用大口径天文望远镜做目视观测。

八、人造天体及其观测

1. 人造天体的类型

人造天体是人工发射到宇宙空间的航天器。

人造天体主要包括环绕地球运行的航天器、环绕太阳运行的探测器、飞往月球和太阳系其他天体的探测器、飞往更遥远的太阳系外的探测器，以及往返于附近的环绕探测器之间的运载工具等。

环绕地球运行的航天器最容易被地面上观测，也是本节重点介绍的人造天体。

地球大气的密度随着高度的上升迅速降低，在 240 千米的高度上，大气的密度已经极其稀薄，对人造天体的运行阻力也就非常小，因此，240 千米高度附近是低轨道人造天体密集的区域。

★ 人造地球卫星

环绕地球运行的无人航天器被称为人造地球卫星，世界上第一颗人造地球卫星是苏联于 1957 年 10 月 4 日发射的"人造地球卫星"1 号。

人造地球卫星根据用途的不同可分为通信卫星、导航卫星、对地观测卫星、科学实验卫星等类型。根据轨道高度可分为低轨道、中轨道、地球同步轨道和大椭圆轨道等类型。

低轨道的高度一般在几百千米至上千千米之间，其中通常把低于 400 千米称为近地轨道，卫星数量众多，用途广泛。

中轨道的高度一般在一万至两万千米左右，导航卫星属于这类轨道。

地球同步轨道卫星是运行周期与地球自转周期相同的轨道，其中位于地球赤道上空 36000 千米高度的同步轨道称为地球静止轨道，是特殊的地球同步轨道，大部分通信卫星位于该轨道。

高椭圆轨道的近地点很低（几百千米）、远地点很高（几万千米），一般为通信或监视卫星。

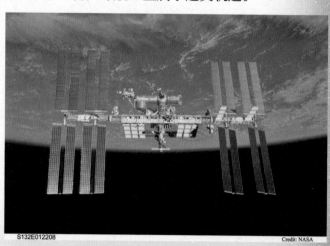

S132E012208　　Credit: NASA

图 2-8-1　国际空间站（ISS）

★太空站

太空站是载人的或者是可接受航天员巡访的航天器,可完成更加复杂的太空探索、空间研究实验等任务。目前在轨的最大的航天器是国际空间站(ISS)。如图2-8-1所示。

★运载工具

往返于太空的运载工具包括航天飞机、宇宙飞船等。航天飞机是可重复使用的运载器,1981年美国首次发射哥伦比亚号航天飞机。以后美国先后又有发现号、奋进号和亚特兰蒂斯号航天飞机进入太空。我国的神舟飞船属于一次性使用的运载器。

2. 中国太空探索

中国的航天事业起步稍晚,但发展很快,尤其是最近30余年,进展迅猛。

★中国航天史上的里程碑

第一个里程碑——"东方红"一号人造地球卫星

1970年4月24日21时31分,中国自行研制的"东方红"一号人造地球卫星飞向太空。这是中国发射的第一颗人造卫星。中国成为世界上第五个能独立研制发射人造地球卫星的国家。

第二个里程碑——载人航天

2003年10月15日,中国神舟五号载人飞船升空,表明中国已掌握载人航天技术。

第三个里程碑——嫦娥奔月

2007年10月24日18时05分,随着嫦娥一号成功奔月,嫦娥工程顺利完成了一期工程,标志着中国开始了深空探测阶段。

★中国载人航天

继2003年神舟五号载人飞船升空之后,到2021年6月17日神舟十二号载人飞船发射升空,以及中国空间实验室天宫一号、二号,空间站天和核心舱等的成功在轨运行,先后完成了神舟飞船与空间实验室的自动交会对接和手控交会对接任务,以及地球观测和空间地球系统科学、空间应用新技术、空间技术和航天医学等领域的应用和试验等大量空间科学实验。

截至2021年6月17日,神舟十二号载人飞船与天和核心舱完成交会对接后,标志着中国自己的空间站初步建成并开始投入工作。

我国空间站将在未来的两年时间内建成一个以核心舱为控制中心,问天、梦天实验舱为主要实验平台,常年有人照料的空间站。并将在两年时间内,将各个舱段在轨道上进行"搭积木",逐步组建中国空间站(见图2-8-2)。

图 2-8-2　天舟二号发射

★嫦娥探月工程

月球是距离地球最近的天然天体，探月是人类地外空间探索的第一个目标。

中国探月计划被命名为"嫦娥工程"，主要分为"绕、落、回"三个阶段。

绕月阶段主要是发射卫星围绕月球转动，探测清楚月球周围的地形特征及资源分布，包括"嫦娥一号"和"嫦娥二号"。

2013 年 12 月 2 日"嫦娥三号"携带玉兔号月球车发射升空，并于同年 12 月 14 日在月球上成功软着陆，开展着陆器悬停、避障、降落及释放月球车开展月面巡视勘察等工作。这是我国探月第二阶段任务，由嫦娥二号圆满完成。

探月第三阶段主要任务是采样返回。2020 年 11 月 24 日嫦娥五号月球探测器升空，同年 12 月 17 日完成月面采样任务，满载而归。

★中国火星探索

火星是与地球最相似的太阳系行星。探索火星是人类很早就有的梦想。

中国火星探测的第一个探测器"天问一号"于 2020 年 7 月 23 日发射升空，2021 年 2 月 10 日正式进入环火星轨道。5 月 15 日，天问一号着陆巡视器成功着陆火星。

5 月 22 日，"祝融号"火星车成功驶离着陆平台，到达火星表面开始巡视探测，如图 2-8-3 所示。

截至 27 日上午，天问一号环绕器在轨运行 338 天，地火距离 3.6 亿千米，"祝融号"火星车已在火星表面工作 42 个火星日，累计行驶 236 米。

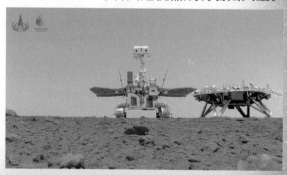

图 2-8-3　祝融号火星车

3. 观测人造天体

随着人类宇航事业的飞速发展，目前在地球上空，至少已经有数十万颗人造天体在绕地球运行，其中只有数千颗还在工作，其余都是报废的卫星、运载火箭及其碎片。观测人造天体，也是天文爱好者锻炼观测能力的途径之一，受业余观测器材限制，通常只能观测到近地、比较大型的人造天体。

人造天体主要是靠反射太阳光而发亮的，由于人造天体的轨道大多只有数百千米，有时它们会运行在地球的阴影里而不能被太阳照亮，只有在傍晚和凌晨它们过境时，才会被太阳照亮。

人造天体过境，可见一个运动的小亮点，一般亮度不超过二等星，运行速度比流星慢得多，有时感觉和飞机的速度差不多，但由于其高度比飞机要高数十倍以上，其实际速度比飞机要快很多倍。

个别人造天体在特殊时段的亮度可达一等以上，如国际空间站、有些人造天体由于一些特殊的表面形态而亮度会更大，如铱星闪光等。

★国际空间站

国际空间站是目前地球上空轨道上最大的人造天体。当它在日面或月面前经过时（凌日），用大望远镜可以拍摄出它的形态。如图 2-8-4 所示。

图 2-8-4 国际空间站凌日

★铱星

铱星是美国铱星公司委托摩托罗拉公司设计的用于手机全球通讯的人造卫星，1997—1998 年共发射了几十颗，它通过使用卫星手持电话机，透过卫星可在地球上的任何地方拨出和接收电话讯号。2000 年 3 月铱星公司宣布破产，这些铱星就成了太空流浪儿，随着时间的推移，目前已经大部分陨落了。

铱星飞行高度为 700 多千米，通常亮度在五六等，然而，它们都有三块表面极其光亮的铝天线，能将阳光反射到地面，在地面形成几千米宽的一条光带。光带扫过的地方，观测者会看到铱星很快变亮，最亮时有可能达 –8 至 –9 等，持续几秒钟后又很快变暗消失，整个过程约 10 秒左右。

★马斯克星链

2015 年，马斯克正式宣布 SpaceX 的卫星互联网服务计划（星链计划）启动。该计划最终目的是组建全球最大的 Wi-Fi 网络，已于 2020 年正式开始在北美、拉美地区服务和试用。如图 2-8-5 所示。

按照计划，SpaceX 将在 2019 年至 2024 年间，向太空发射 1.2 万颗微型卫星，并利用这些卫星搭建起覆盖全球的天基互联网。

截至 2021 年 2 月 17 日，已经有 17 批星链卫星升上太空，入轨星链总数突破 1000 颗，已经实现了初步组网的能力。

当星链发射初期的几天，由于数十颗卫星密集出现，会在夜空中形成壮观的景象，成为人造天体观测爱好者追逐的目标。

图 2-8-5　马斯克星链

★ 瓢虫一号

2018 年 12 月 7 日，九天微星"瓢虫系列"卫星在酒泉卫星发射中心成功发射升空。该"瓢虫系列"搭载长征二号丁火箭，由 7 颗小卫星组成，主星"瓢虫一号"为百公斤级卫星，另外还有 3 颗 6U 立方星、3 颗 3U 立方星。

与通常的人造天体靠反射太阳光不同的是，"瓢虫一号"卫星能够主动发光，它是一颗民用娱乐卫星。搭载太空自拍、星光闪烁、太空 VR 三大互动载荷，是全球唯一实现"太空自拍"的卫星和首颗能够主动闪烁莫尔斯码的卫星。卫星搭载高功率的聚合光灯阵，闪烁时亮度相当于 –0.5 等星，可以借用莫尔斯码的原理，通过长闪烁和短闪烁，来表达不同的含义。

观测并破译"瓢虫一号"闪烁莫尔斯码是近年来流行的人造天体观测项目之一。

★ 人造天体的照相观测

用普通照相机长时间曝光，可以拍到人造天体运行的路线。由于人造天体数量众多，在我们日常拍摄星野时，很容易捕捉到它们。在照片上它们与星轨不同的是移动速度快，而且是走直线，与飞机不同的是没有颜色变化，除了铱星以外，其他人造天体也没有明显的亮度变化，出现和消失的亮度变化是渐变的。

但是如果要拍摄国际空间站，就要事先查一下预报。

由于国际空间站是由多国合作，多次扩建而成，体积巨大，用望远镜可以拍摄到主体形状及太阳能帆板，特别是其凌日或凌月时，更加突出。但拍摄空间站凌日或凌月需要更准确地定位预测见凌地点。

★ Heavens Above 网站

Heavens Above 网站可供我们搜索一些比较容易观测到的人造天体过境的信息。用观测地的经纬度位置注册后，就可以直接得到精准的预报信息。

实践提示

观测人造天体

利用 Heavens Above 网站搜索，近期是否有适合观测的国际空间站或其他亮度比较大的人造天体过境。

根据查到的数据，制订计划开展一次观测活动。

实践提示

拍照国际空间站（ISS）

　　国际空间站是亮度比较大的人造天体，最容易拍好。如图 2-8-6 所示。ISO 可以设为 400~800，光圈 4 或 5.6，曝光时间可长一些，20"~30" 一张连续拍摄。一般在预报的开始时刻之前 3-5 分钟就开始拍摄，后期将拍到国际空间站的照片叠加就可以了。使用广角镜头，有微弱光的地景衬托会使照片增色。

图 2-8-6　国际空间站

第三章

天文观测软硬件及摄影摄像

一、天文望远镜

1. 天文望远镜的类型

天文望远镜主要包括射电天文望远镜和光学天文望远镜两大类。

★射电天文望远镜

射电天文望远镜是用于探测宇宙中的射电源（天体发出的电磁波辐射）的望远镜，一般安装在专业天文台站。

★光学天文望远镜

光学天文望远镜是业余天文爱好者主要使用的观测工具。

图 3-1-1　折射式天文望远镜光路图

光学天文望远镜根据光路形式又分为折射式、反射式和折反射式。此外，双筒望远镜在业余天文观测中也有很重要的作用。

折射式望远镜主要有伽利略式和开普勒式两种类型。如图 3-1-1 所示。

伽利略式望远镜是最早发明的望远镜，1609 年，伽利略自制了一台望远镜，并用它观测了月球、木星等天体，有了很多重要发现。

开普勒改进了折射式望远镜，使其视场更大，适用于天文观测。

反射式望远镜主要有牛顿式、格雷高里式、卡塞格林式等类型。如图 3-1-2 所示。

目前，业余天文观测一般选用开普勒折射式或牛顿反射式望远镜。

开普勒折射式望远镜的优点是视场大，牛顿式反射望远镜的优点是价格低廉，成像好。

折反射式主要有施密特型、马克苏托夫型、RC 型等类型。如图 3-1-3 所示。

对于成倒像的望远镜，有些配有专门的棱镜等附属设施使其能够呈正像。

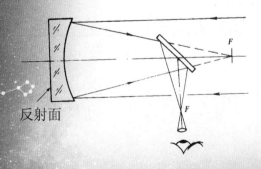

图 3-1-2　反射式天文望远镜光路图

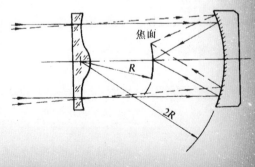

图 3-1-3　折反射式天文望远镜光路图

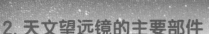

2. 天文望远镜的主要部件

★主镜（物镜）

主镜又称物镜，是一台望远镜的核心，它决定了其光学性能。折射式望远镜的主镜位于镜筒的前部，反射式和折反射式望远镜的主镜位于镜筒的后部（见图3-1-4）。

★目镜

对于一台目视天文望远镜，目镜是必需的。目镜有多种类型，常用的主要有惠更斯目镜、冉斯登目镜等。

★寻星镜

多数天文望远镜的主镜视场（可见天区面积）比较小，为了方便搜索天体，一般配有寻星镜。

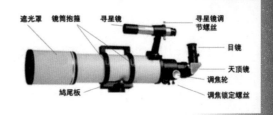

图 3-1-4 天文望远镜的主要组件

★支架

业余天文望远镜的支架系统主要有地平式和赤道式两种（见图3-1-5）。

地平式支架结构简单，体积小，重量轻，便于携带。

赤道式支架结构复杂，体积大而笨重，携带费力，但跟踪天体更方便。

★跟踪装置

由于天体的周日视运动，需要天文望远镜带有跟踪装置，以便跟踪观测天体。跟踪装置分为手动跟踪装置和自动跟踪装置两大类。

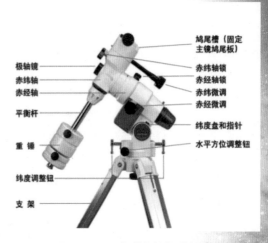

图 3-1-5 赤道仪的组成部分

手动跟踪体积小、重量轻，适合目视观测，训练。

自动跟踪需要有电源，相对笨重，用于天文摄影更方便操作。

3. 天文望远镜的性能参数

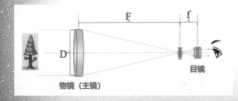

图 3-1-6 望远镜参数示意图

望远镜有两个基本作用：一个是看得见（收集更多的光线看见更暗的目标），另一个是看得清（提高分辨能力看清目标的细节）。这两个作用主要通过望远镜下面几个参数体现（见

图 3-1-6）。这里以折射式望远镜为例进行介绍，反射和折反射望远镜与其同理。

★基本参数

物镜的口径（D）：望远镜物镜能接收到的最大光束的直径。是望远镜最关键参数。

物镜焦距（F）：望远镜物镜光学系统主点到主焦点的距离。

相对口径（A）（光力）：$A = D/F$；焦比 $= F/D$。这两个参数互为倒数，是天体摄影的重要参数。

例如同样口径 10 厘米的望远镜，焦距 40 厘米（焦比 4）和焦距 100 厘米（焦比 10）相比，前者更适合深空天体摄影。

放大率（G）：$G = F/f$（f：目镜的焦距），同一台天文望远镜，换不同焦距的目镜，可以得到不同倍数。

例如焦距 100 厘米的望远镜，用焦距 10 毫米的目镜，放大倍率 100/1=100 倍；换焦距 25 毫米的目镜，放大倍率 100/2.5=40 倍。

分辨放大率（Gr）：$Gr=D/2$（D 以毫米为单位）

当我们选择的目镜的放大率超出分辨放大率时，虽然目标看起来更大了，但图像却会变模糊，得不到更多的细节。

双筒望远镜的常见标识如"7×50"，其含义是放大 7 倍，口径 50 毫米。

★其他参数

目视极限星等 $ml=6.9+5\lg D$（D 以厘米为单位）

例如：口径 15 厘米，$ml=12.8$ 等；口径 9 厘米，$ml=11.7$ 等。望远镜口径越大，能收集的光就越多，也就可以看到越暗的目标。

分辨率 $\theta=14/D$ 角秒（D 单位厘米，以 550 纳米波长为例）。

例如：口径 15 厘米，$\theta=0.93$ 角秒；口径 9 厘米，$\theta=1.56$ 角秒。望远镜口径越大，可以分辨的细节越多。如果一对双星间距 1 角秒，则上述两个望远镜，口径 9 厘米看起来就是一颗星，而口径 15 厘米的可以分辨是两颗星。

4. 天文望远镜的基本操作

★基本原则

人员安全

切记不要用望远镜直接看太阳，否则会造成眼睛无法恢复的伤害。

拆装重锤时要小心，如果锁紧不到位，或忘记安装保险螺丝，重锤可能掉落地面造成人体受伤。

设备安全

望远镜光学表面：不要用手指触摸物镜和目镜表面。光学玻璃脆弱。

赤道仪机械部分：不可野蛮操作，转动望远镜方向时，应遵循"先松，再转，最后锁紧"，禁止没有松开锁紧钮就蛮力转动望远镜，否则会导致赤道仪损伤。

天文望远镜的保养：禁骤冷骤热，防潮、防磕碰等。

安装时，先安配重，再安主镜，防止主镜歪倒。

★安装和调试天文望远镜

安装步骤

支架—赤道仪—配重—微调杆—主镜—寻星镜—目镜

调节寻星镜同轴

望远镜主镜使用低倍目镜（例如25mm），对准远处目标（例如远处楼顶的一角或电线杆顶端），调焦，使目标清晰。

通过寻星镜观察该目标，并调节寻星镜支架上的螺丝，使目标落在寻星镜十字丝中央。

再回到主镜观测，确认此时主镜仍指向该目标，此时主镜和寻星镜已经同轴。

夜间校准寻星镜要稍微困难一些，尽量找远处的灯光、月亮或一些亮星。

赤道仪极轴校准

目视观测，对赤道仪极轴准确的要求不高，一般只要把北极星放在极轴镜视场内就可以。如果是天文摄影，可以使用电子极轴镜或有精密分划板的极轴镜校准极轴。如果没有极轴镜，也可以用漂移法校准极轴。

★望远镜目视观测

目镜倍率选择

用低倍找目标，需要看清细节时，可换高倍目镜。

寻找目标及跟踪

肉眼确认目标的大致方向（必要时借助双筒镜），然后用寻星镜找到目标，放在寻星镜十字丝中心，此时目标已经在主镜筒视场中。

如果目标较暗（如深空天体），用寻星镜无法看见，则可以先找附近的一颗亮星，然后用"星桥"法，逐步引导主镜看到目标。

环境影响

在没有月亮、远离光污染的地方，适合观测暗弱的深空天体。在空气稳定（视宁度好）的时候，适合高倍观测月亮和行星。

目视与摄影的主要区别

由于人眼无法像照相机一样累计曝光，而且视网膜在弱光下对颜色不敏感，所以目视观测时，特别是观测深空天体时，看到的是灰色的图像或者根本无法看到。天体摄影中绚烂的颜色，目视是无法看见的。

实践提示

用望远镜寻找和观察月球

月亮是最容易用望远镜寻找的天体，找到目标以后，可以用月球练习手动跟踪目标。

换上不同焦距的目镜，仔细观察效果有什么不同？

用望远镜观察月球适当的月相是 70% 以下，望远镜下的满月并不好看。

用望远镜寻找和观察行星

用大口径天文望远镜观察金星的位相；

在火星冲前后，用望远镜观察火星；

在望远镜下观察木星表面的云带和大红斑，以及木星的伽利略卫星；

用望远镜观察土星光环。

用望远镜寻找和观察其他天体

比较容易用望远镜目视观测的天体还包括双星、星团、亮星云等。双筒望远镜比较适合用于寻找和观测视面积比较大的疏散星团。

1. 摄影基础

★照相机的基本参数

光圈

镜头通光口径与焦距的比值被称为相对孔径。"光圈"是相对孔径的倒数，相当于望远镜的焦比。

一般照相机光圈的档次值有：1、1.4、2、2.8、4、5.6、8、11、16、22等。光圈每差一档，光通量差一倍。光圈的大小与光圈的数值是正好相反的，如一只镜头的最大光圈是2，使用2.8的光圈时，光通量就缩小到了2的一半。数码照相机的光圈大多是以1/3档的级差调节的。

一只镜头的最大光圈大小是衡量其在低照度状况下拍摄能力的指标，这一点在天文摄影中非常重要。最大光圈一般标注在镜头上。

镜头的焦距

有固定焦距（定焦头）和可变焦距（变焦头）两大类。

定焦头：性能稳定，成像效果好。携带和使用比较麻烦，需要根据拍摄对象的不同随时更换。根据焦距的长短有：

标准镜头：焦距50mm（全画幅照相机），35mm（半画幅照相机）。

长焦距镜头：焦距大于标准镜头。

广角镜头：焦距小于标准镜头。

鱼眼镜头：拍摄视角很大的超广角镜头。

望远镜头：焦距很长的长焦距镜头。

变焦头：携带和使用比较方便，成像效果较定焦头差一些。

快门速度

数码照相机上以纯数字标示的是速度的倒数，如30、60、125等，指的就是1/30秒、1/60秒、1/125秒，超过秒的数字上加""，现在的数码照相机一般最短快门速度为1/4000秒或1/8000秒，最长为30秒。

B门是很重要的一个速度档，可用来长时间拍摄，快门按下就打开，松开就关闭。

感光度

感光度是重要的性能参数。目前，国际通用的感光度指数是ISO制。稍高档的数码照相机都可以设置感光度。

感光速度与感光度的数字成正比。标准感光度为 100。高感光度包括：200、400、800、1600，有的照相机甚至可以调节到 12800 甚至更高。

一般来说，感光度过高，常常会导致噪点增多，令人难以忍受。

所以，选择感光度不是越高越好，应该根据拍摄条件的需要适当选择，一般使用100 或 200，在拍摄特别暗弱物体时，要综合考虑照相机性能、快门速度等来选择感光度。如图 3-2-1 所示。

图 3-2-1　高感光度长时间曝光的星空

★常用附件

三脚架

三脚架可以使拍摄更轻松，还可减少拍摄过程中的震颤，提高拍摄质量，在天文摄影中非常必要。

快门线（或遥控器）

快门线和遥控器是长时间曝光必要的附件。

当使用程序快门线时，照相机首先按照照相机的设置参数工作，然后是遵循程序快门线的参数工作。若二者不统一，可能会出现许多问题。

如果现场有多人使用同类遥控器时，需注意频道，否则会发生相互干扰，不能正常工作。

闪光灯

闪光灯用于光照不足的时候补光。如今的数码照相机大多有内置闪光灯，但在天文摄影中一般用不上，而且还必须将内置闪光灯关闭。

滤光镜

最常用的滤光镜为滤紫外线镜，俗称天光镜（UV 镜），多为无色的，在高原、高山摄影时非常必要，在一般情况下拍摄也没有什么影响，所以，好一些的镜头一般都配上一个，能起到保护镜头的作用。

其他的滤光镜还有灰色镜、彩色镜、偏振镜、柔光镜、星光镜等。

偏振镜用来阻挡偏振光，如光滑物体表面的反光等。

星光镜在拍摄夜景时很有用，如图 3-2-2 为使用星光镜拍摄的效果。

图 3-2-2 星光镜效果

2. 天文摄影基础

天文摄影是天文观测的重要手段之一。摄影不仅能实时记录下天象，为天文研究提供必要的依据，由于感光材料具有可积累的特点，天文摄影还可以拍摄下一些人眼难以察觉的天象。

早期天文摄影的拍摄对象主要是天体和天象，以天文专业人员为主。随着照相技术的普及，一些天文爱好者和摄影爱好者越来越多地进入了这一行列，天文摄影的范围也开始扩大了。天文风光摄影就是近年来发展起来的。如图 3-2-3 所示。

图 3-2-3 天文风光摄影

★天文摄影的特点

天文摄影属于科技摄影，为了科学的需要，天文摄影要求完全真实地表现所拍摄主体的本来面目。

由于天文摄影的对象大多很特别，所以需要采取比较特殊的拍摄手法。

亮度特别

大部分天体不是特别暗淡就是特别明亮，如恒星、行星、星云、彗星等都非常黯淡，而太阳则过于明亮。黯淡的天体要采用高 ISO，大光圈，长时间曝光等手段以增加亮度；拍照太阳则要采用滤光镜减弱其亮度。

视面积小

恒星在望远镜中都是点，目视可见的有视面积的天体最大的就是太阳和月球，视直径大约半度，其他就更小了，摄影可以拍摄到有较大视面积的深空天体。

缓慢运动

由于地球自转，就有了天体一刻不停地周日视运动。

★难以准确预料出现时刻

一些可能比较明亮的天象，如流星、极光等出现的准确时刻是难以预测的。

★天文摄影的基本设备

必备设备

天文摄影必须使用带有 B 门的照相机。此外，三脚架和快门线（遥控器）也是非常必要的。

选备设备

星野赤道仪、转仪钟（自动导星赤道仪）可以帮助我们获得更优秀的天体照片，在拍摄太阳时必须要有灰滤光片或巴德膜，此外利用星光镜拍摄星空，也可以获得良好的效果。

★固定天文摄影

固定摄影是用三脚架将照相机固定在一个位置上拍摄。是最简单易学的摄影方式。适合中短焦距镜头拍摄广域照片，如带地景的日出、日落、月出、月落、星空，以及天体周日视运动、人造天体过境等。

★天体的周日视运动

拍摄夜空中的星星，要使用带有 B 门的照相机，用三脚架和快门线长时间曝光，最容易拍摄的是天体的周日视运动。因为要拍摄的是星星运行的轨迹，所以不需要跟踪设备，操作起来也简单得多。

拍摄天体，选择地点很重要，要求附近没有灯光，特别是不能有任何光线直接进入照相机镜头，附近有光的情况下，星星就会更加黯然失色。

三脚架要稳固，为了增强其稳定性，可在三脚架下面坠一些重物。

可以将照相机对准任何一个天区，如果对准北极星，将得到一个同心圆形的星星运行轨迹，如果对准的是其他天区，得到的就是一些圆弧形的轨迹。

使用广角镜头拍摄天体周日视运动，画面会更丰富，适当取上一些地面的景物，照片会更有意思。

选用ISO400~800,中等光圈4~8,单帧曝光时间要根据拍摄条件而定,背景条件好,可长一些,条件差,就要短一些。

拍摄天体绝对不能使用全自动的照相机。

使用数码照相机拍摄天体的周日视运动一般是采用多次曝光，后期利用计算机软件叠加。一般连续拍一个小时以上，轨迹就很明显了。如图 3-2-4 所示。

拍摄步骤

（1）相机用三脚架固定，选广角镜头，光圈比最大光圈收 2 档， ISO400~800,对准目标天区，用亮星手动对焦;

（2)单张曝光测试,根据拍摄环境的天光亮度,尝试不同的快门速度(10 秒,20 秒,30 秒）得到曝光合适的单帧照片;

（3）用可编程快门线，用上述参数，连续拍摄 1~3 小时，得到系列照片。

拍摄实例

11mm 广角镜头，ISO3200，F5.6,单张 30 秒，370 张，用 Startrials 软件合成。

图 3-2-4　天体周日视运动

★日出和日落

当日出或日落的时候，如果想把地面的景物拍摄清楚，太阳将会是一个很亮的光点，甚至是一小片光晕。这是因为太阳的亮度比地面其他物体的亮度高许多。

要想拍摄太阳清晰的圆面，就不能按照地面背景曝光，而要按照比天空背景再稍亮一两个档次来曝光。

日出日落时拍摄的照片，地面景物应该是黑暗的剪影。如图 3-2-5 所示。

如果照相机有自动测光装置，先将镜头对准天空，记下测出的光圈、速度值，然后将光圈缩小 1~2 档，或将快门速度提高 1~2 档。

图 3-2-5　薄雾下的日出

拍摄日出和日落，有时候适当的云或雾会使画面更美，太阳也会显得不那么刺眼。

特别提示

只有在太阳刚刚从地平线升起或者快要落下时，可以直接拍摄，当它离开地平线时，亮度会很快增长，因此，当感觉太阳有些刺眼时，就不能拍了。

拍摄日出或日落必须选择视野比较开阔的地方。

★月球摄影

满月

最容易拍摄的天体是月球。满月时的月球亮度正好在照相机的正常曝光值内。因此，月球不仅是天文摄影的对象，也是普通风光摄影常用的题材。

由于月球的视圆面太小，大部分自动测光的照相机不能准确测定月球的亮度，这是全自动照相机很难拍到好的月球照片的原因。要多试不同的参数进行拍摄。

拍摄月出和月没

在满月前后，非常容易拍摄。拍摄最好选择天稍微亮一些的时刻，否则，月球和地景亮度反差过大，效果不好。

拍摄月球的运行轨迹

使用三脚架，每隔 1 分钟拍摄一次。后期可以利用 Startrials 软件，根据自己喜好选择全部叠加，或隔 1~3 张叠加处理。

拍摄实例

18mm 广角镜头，ISO200，F5.6，1/20 秒，间隔 1 分钟拍 137 张，月轨，月落后，

照相机位置和角距不变，用 ISO800，F4， 30 秒补拍一幅星空，然后用 Startrials 软件合成。

图 3-2-6 为初三的月牙儿，金星位于东大距附近，二者亮度相近，效果比较好。月相的大小对拍摄的影响非常显著，也要现场细心尝试。

图 3-2-6　月球及金星的运行轨迹

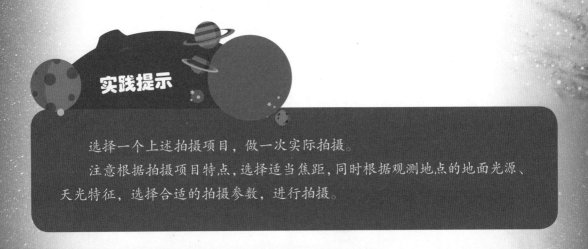

实践提示

选择一个上述拍摄项目，做一次实际拍摄。

注意根据拍摄项目特点，选择适当焦距，同时根据观测地点的地面光源、天光特征，选择合适的拍摄参数，进行拍摄。

3.Startrails 图像合成软件

天体的亮度差异很大，精彩的天体照片常常需要经过复杂的后期处理，最常用的图像处理软件有 PhotoShop，还有一个最常用的叠加天文图像的软件 Startrails，在天文摄影中用途很广。

Startrials 是一款非常好用的图像叠加软件，适合用于不改变图像位置的多张照片合成，如恒星周日视运动轨迹，日、月升落轨迹，日食、月食全过程轨迹等。

★ 图像叠加的作用

消除随机噪点

数码照相机的 CMOS 在温度比较高的条件下会产生随机噪点，长时间曝光以及高感光度的情况下噪点会愈加严重。虽然大部分照相机有降噪功能，但降噪功能在天体摄影中往往可能适得其反，在降噪的同时把我们想要得到东西，比如暗弱的星点也当作噪点给降掉了。如图 3-2-7 所示。

图 3-2-7　降噪（左）未降噪（右）

累积星光

为了积累和保留更多暗弱的星光，天文摄影常常利用叠加方法。拍照的时候关闭降噪功能，连续拍照多幅照片，然后利用软件叠加处理，真实存在的星光由于位置固定能得到增强而显现出来，随机噪点则因为位置不确定不能被增强而弱化了。

营造特殊效果

叠加照片还可以得到连续星轨以及多次曝光效果的图片。

图 3-2-8　Startrails 软件包

★ Startrails 的用法

Startrails 的使用方法非常简单，将软件包直接拷贝到文件夹中，不需要安装就可以直接使用。

将上述拍摄的系列照片导入电脑，打开文件夹，出现图 3-2-8 界面，直接双击中间带图像的图标"Startrails"出现图 3-2-9 的 Startrails 工作界面。菜单下面有 6 个快捷键。

（1）打开图像文件，即正常拍照的图像，这些打开的文件将被列在左侧上面的 Images files 下面。

图 3-2-9　Startrails 工作界面

（2）打开暗场文件，暗场文件会被列在 Darkframes files 的下面。

暗场：在拍照天体照片时，如果想要叠加，一般是每拍照一组照片，应该拍一张暗场，即使用与正常照片相同的参数拍照，但需要盖上镜头盖。暗场的作用是消除 CMOS 坏点，没有暗场也可以叠加。

上面两步做了，就可以进行叠加了。点击快捷键 5，软件就开始工作，图像会出现在右边的大片空间中，进度会在其下面显示。

叠加完成后，点快捷键 3 保存就可以了。为了保存原始图片，叠加后的图片需要重新取名保存。保存时会出现一个可选的存储大小，选 100 就是最高的了。

快捷键 6 是用于制作动画片的，方法与叠加图片类似，对于内存足够大的计算机，可以自己尝试做一做。

4. 跟踪摄影简介

跟踪摄影主要用于拍摄暗弱的深空天体（星团、星云、星系），也可以拍彗星。

★ 跟踪摄影的设备

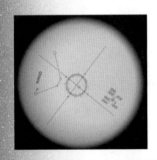

需要用到可以自动跟踪的赤道仪，通过长时间曝光，以获得目标更多的信息及细节。

相机和镜头的选择：最常用的是单反相机，也可以用天文制冷相机。可以采用中长焦的摄影镜头，或直接通过转接环连接天文望远镜。折射、

图 3-2-10　有精密分划板的极轴镜（网络图）

反射、折反射望远镜均可。大光圈镜头或短焦比望远镜，对拍摄深空天体有优势。

赤道仪的选择：根据相机和镜头（或望远镜）的重量不同，选择星野赤道仪或重型赤道仪，要有自动跟踪功能。

赤道仪极轴的精确校准：跟踪摄影的常见曝光时间是单张 3~5 分钟，镜头（望远镜）焦距较长（十几厘米～几十厘米），这些都要求赤道仪的跟踪必须准确，否则，拍出来的星星就不是点状，而是会拖线。精确校准极轴，是跟踪摄影的重要环节。可

以用电子极轴镜或有精密分划板的极轴镜，如果没有极轴镜，也可以用漂移法对极轴。如图 3-2-10 所示。

★深空天体照片拍摄举例

图 3-2-11　M42

在没有月亮、光污染小的地方（城市郊区），精确调好赤道仪极轴。数码单反相机参数设置：ISO800 或 1600，RAW 格式，白平衡选太阳模式。用长焦镜头（焦距 100mm 以上）或焦距 500mm 以内的天文望远镜，选择拍 M42（或 M45，M31，M8，M20 等比较亮的深空天体目标），精确手动对焦。曝光时间设为 1 分钟，如果星点没有拖线、天光背景还很黑，可以适当增加曝光时间，反之则适当减少曝光时间。找到合适曝光时间参数后，连续拍摄 5~10 张。

如图 3-2-11 为 8 寸 F4 牛反拍摄的 M42，ISO800，单帧 6 分钟，8 张累计 48 分钟。

★深空天体照片的叠加处理方法：DSS，Photoshop

采用 DeepSkyStaker 软件，将上面拍摄的 5~10 张深空天体照片进行叠加处理。如图 3-2-12 所示。

上面第 5 步得到的照片（推荐 TIFF 格式），在 Photoshop 里进一步处理，主要是调整色阶、曲线、颜色、锐化，让深空天体目标更加突出。

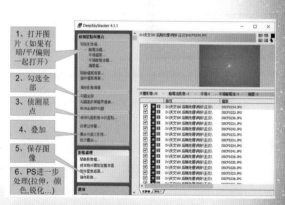

图 3-2-12　M42

★拍出更漂亮的深空天体照片

要得到更漂亮的深空天体照片，可以从下面几个方面努力：

通过拍摄暗场、平场、偏置场，以尽量消除相机感光器件缺陷（坏点、热噪声等）和光学系统缺陷（视场暗角、CMOS 表面灰尘等）的影响。

图 3-2-13 的 M27，ISO800，单帧 6 分钟，4 张累计 24 分钟

精确跟踪：通过自动导星可以提高跟踪精度，让星点更锐利。

精确对焦：通过鱼骨板等辅助工具，提高对焦精度。高要求的天文摄影，还会根据环境温度发生，一个观测夜晚进行多次对焦。

采用天文专用相机，一般是制冷黑白CCD 配合 RGB 滤镜或窄带滤镜，拍摄效率和效果要比数码相机更高。

图像处理：借助 PixInsight、MDL 等专业天文软件，可以更好挖掘图像细节。

图 3-2-13　M27

图 3-2-14　狮子座三重星系

图 3-2-14 的狮子座三重星系，ISO800，单帧 5 分钟，12 张累计 60 分钟。 图 3-2-15 的 21P 彗星，单帧 2 分钟，16 张叠加而成。

图 3-2-15　21P 彗星

★深空摄影拍摄校准帧的方法

拍摄暗场（DARK）

必须在与拍摄目标同样的环境（温度，iso，曝光时间）下拍摄，关镜头盖拍摄。建议 8~10 张，可以在早晨天亮前拍。

拍摄平场（FLAT）

拍摄亮度均匀的目标，例如天刚亮时天顶区域。不要打开赤道仪跟踪，以免把亮星曝光出来。相机与主镜的角度不要变，调焦也不要变。曝光时间，比相机的测光结果加一级，建议 8~10 张。

拍摄偏置场（BIAS）

正式拍目标前，先拍 BIAS。相同的 ISO，最快的快门，raw 格式，关镜头盖，至少 50 张。

5. 放大摄影简介

放大摄影主要用于拍摄月亮和行星，一般用很长焦距的望远镜（通过巴罗镜延长望远镜主镜的焦距）以获得更多目标的细节。放大摄影仍然需要赤道仪跟踪。

图 3-2-16 柏拉图环形山和阿尔卑斯月谷

图 3-2-17 月面环形山

图 3-2-18 木星和木卫三

图 3-2-19 火星

图 3-2-16 和图 3-2-17 是用放大摄影法拍摄的月面细节照片，设备为 10 寸 F6 牛顿反射望远镜，加 3 倍增倍镜，ASI290MM 摄像头，拍摄 1000 张取 50% 叠加而成。

图 3-2-17 有三个大的月面环形山，阿基米德（左）、阿里斯蒂尔（右上）、奥托利克斯（右下）。

图 3-2-18 和图 3-2-19 分别是木星和火星。

★望远镜的选择

折射、反射、折反射都可以拍月面和行星。口径大、焦距长的望远镜占优势。

以上月球和行星的照片都是用口径 250mmF6 的牛顿反射望远镜拍摄的（见图 3-2-20）。

★选用增倍镜

适合拍月面 / 行星的望远镜焦比为 F20~F30。可以用巴罗镜（增倍镜）延长望远镜焦距。例如某折反射望远镜焦比 F10，则可以使用 2 倍巴罗镜，使焦比达到 F20; 如果某牛顿反射望远镜的焦比是 F5，则可以通过 5 倍巴罗镜，使焦比达到 F25。如图 3-2-21、图 3-2-22 所示。

图 3-2-20 250mmF6
牛顿反射望远镜

★专用摄像头

图 3-2-21 增倍镜　图 3-2-22 专用摄像头

最常用的拍月面 / 行星的方法，是用行星摄像头拍摄视频文件，短时间内得到几百~上千张图像，然后通过软件叠加处理获得更多细节。这种方法比用单反拍摄单张，效果更好。

★拍摄软件

常用月面 / 行星拍摄软件有 SharpCap，或 FireCapture。以前者为例：

连接摄像头后，出现图 3-2-23 的界面。先设置右边的参数（颜色、拍摄区域、视频格式、曝光时间、GAIN 增益等）。

仔细对焦后，点击"开始拍摄"，弹出图 3-2-24 的拍摄设置对话框，选择"帧数限制"，月亮选 100~500，行星选 500~5000。

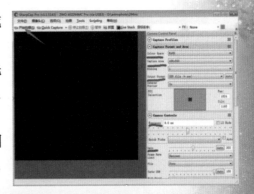

图 3-2-23 SharpCap 开机设置界面

★后期处理

as!2 叠加

将上一步得到的视频文件（SER 格式或 AVI 格式），导入 as!2 软件中叠加，如图 3-2-25。

1. 打开视频文件，选择"Surface（月面）"或"Planet(行星)"。

2. 分析。

3. 右边窗口选择 AP size，然后设置 AP grid 对齐区域。

4. 设置选择百分比，然后叠加。图示参数含义是：从 N 帧图像中，分别选择最好的 25%、50%、75% 帧进行叠加，叠加后得到 TIFF 格式的图片，分别存在三个目录中。

图 3-2-24 拍摄设置对话框

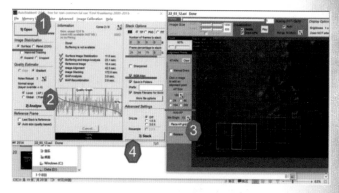

图 3-2-25 as!2 初始界面

Registax 锐化

1. 在 Registax 打开刚才叠加好的图片（TIFF 格式）如图 3-2-26。

2. 在 6 个 layer 中选择不同参数，观看锐化效果。锐化要适可而止，锐化过度会不自然。

3. Doall 对整个图片进行处理。

4. 保存图像。

Photoshop 出图

进行必要的颜色调整、裁剪等处理（请参阅 Photoshop 专业教程）。

★拍出更漂亮的行星 / 月面照片

选择视宁度（空气稳定性）好的时间拍摄

如果使用牛顿反射望远镜或折反射望远镜，需要仔细校准望远镜光轴

主镜热平衡

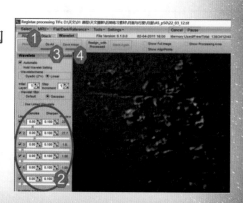

图 3-2-26 as!2 初始界面

6. 远程天文台

★什么是远程天文台

顾名思义，"远程"意味着使用者无需亲临天文台所在地，在城市里的学校、甚至家中便可使用操作架设在这个天文台的天文器材进行观测。

一般说来，进行天文观测需要良好的夜空环境，对于专业天文台来说，在选址过程中需要考虑光污染、气象条件、大气环境、配套设施等诸多因素，而世界上许多被天文爱好者熟知的知名天文台，无不建立在人迹罕至之处，比如莫纳克亚山、阿塔卡玛沙漠等地。

但是，天文爱好者进行日常观测，不可能每次都前往这些"观星圣地"，大多是在居住地周围百公里范围内寻找相对方便的观测场所。即便如此，每次观测，特别是摄影观测，往返驱车数百公里，从出发到返回需花费二十小时以上的时间，对于大部分爱好者来说，都已经接近于接受一次"挑战"的感受。

从另一个方面看，近年来业余天文观测设备的自动化程度也越来越高，更多的爱好者乐于接受使用电脑软件配合专用的数据线控制观测设备，不但可以驱动赤道仪使望远镜精确指向观测目标，还可以自动完成德式赤道仪中天翻转，甚至能够控制电动调焦设备完成对焦、控制数码单反相机或天文专用的制冷相机完成快门动作等。还有一些爱好者，在观测时自行搭建局域网，只要架设好设备，就可以躲进附近的房屋或自己的车里，通过局域网控制设备调焦、校准、指向目标、完成拍摄，冬避寒冷、夏躲蚊虫，让自己更加专注于欣赏美丽的星空，也让天文摄影观测变得更加轻松愉快。

随着宽带互联网技术的发展，Internet 已经可以提供与局域网相差无几的带宽，只要观测地点能够提供宽带互联网接入，在任何地方通过 Internet 控制观测设备，已经和在设备附近通过自己架设的局域网控制观测设备一样方便。因此，近年来更多的进阶爱好者选择了使用远程天文台进行天文摄影观测，虽然减少了亲临星空下的快乐，但是也避免了奔波之苦，不再受时间限制，大幅提高了设备的使用率，更有效的利用每一个晴朗的无月夜积累曝光时间，拍摄出属于自己的"天文大片"。

★如何建造和使用远程天文台

使用远程天文台观测和亲临现场观测的最主要区别，就是让电器设备代替我们的双手，完成对设备的操作。如果我们想建造和使用远程天文台，就需要先仔细的回忆一下，每次亲临现场观测，我们都做了哪些操作，然后对应的思考，如何能做到即使我们不在现场，也能实现与我们亲自动手一样的效果。

★第一步 架设设备

亲临现场观测

到达观测地点，打开箱子，架设并调节设备，通电。

每次在架设设备时都需要考虑许多问题，最主要的是架设设备的地点选择，如果在农家院观测，就需要防止有其他人经过时对观测造成干扰，即使在野外观测，也不能把设备架在路中间，另外需要观察地面是否足够平稳，如果是把设备架到农家院的房顶上，还需要观察自己的走动是否会造成微小的震动，这种震动可能肉眼难以察觉，但对于设备精确跟踪会有很大影响。

使用远程天文台观测

架设设备目前还很难实现自动完成，但可以一次性把设备架好，然后基本上很长时间就不需要移动了。当然，这里首先涉及远程天文台台址选择和基建问题。考虑到安全问题，再加上可能需要处理突发事件，远程天文台有人值守是更加可靠的。然后是基本条件：可靠的供电和宽带互联网接入。设备架好不再移动，就需要在不观测时遮蔽起来，防止风吹日晒雨淋，所以一般远程天文台采用自动天文圆顶或平推式移动屋顶，观测时打开，结束时关闭。这里还要考虑两个问题：一、设备基座稳固，避免微小震动对观测造成影响；二、建筑稳固，避免极端天气造成损失，曾有爱好者自建远程天文台遇到强风吹翻移动屋顶、设备遭雨淋造成损失的例子。

★常见问题

亲临现场观测

如果遇到天气突变，疾风骤雨，就得赶紧动手收起设备。

使用远程天文台观测

遇到天气突变要迅速关闭屋顶，但是需要注意，紧急关闭屋顶时设备可能处于任何状态，因此必须保证圆顶或平推式屋顶在任何情况下，不会磕碰设备。对于圆顶来说这一点一般都不会有任何问题，但是对于平推式屋顶来说，必须要求移动部件的高度高于设备的最大高度，这一点必须在设计时加以注意。

★第二步对极轴

亲临现场观测

架设好望远镜以后，曾经光学极轴镜是主流方式，有些爱好者还能熟练掌握漂移法，近年来市场上出现了电子极轴镜，还有sharpcap等软件也集成了电子极轴镜功能，爱好者使用反响不错。当然，不管哪种方式，赤道仪极轴调节大多还是靠手动完成，市场上常见的赤道仪也不具备电动对极轴功能。

使用远程天文台观测

必须在设备架设阶段调整好极轴并固定，使用中发现极轴误差变大，再利用前往台址维护的机会手动调整。

★第三步　校准赤道仪

亲临现场观测

对好极轴就可以开始校准赤道仪了，但这里还隐藏着一些手动操作，包括打开望远镜镜筒前盖，在初始位置时用北极星调一下焦，以便校准过程中星点可以清晰呈现，然后就是大家比较熟悉的"三星校准"过程了。

使用远程天文台观测

要完成上述操作，就需要配置：电动镜盖、电动调焦器和赤道仪控制线。

赤道仪控制线，一般通过 USB 接口连接电脑，另一端根据赤道仪的不同配置专用接口，有些赤道仪可以直接用数据线代替控制手柄，还有些是把数据线插在手柄上，无论如何连接，都是通过电脑软件代替手柄的操控功能。

用电脑软件操控赤道仪，比使用手柄更加直观，可以直接调用星图，点击观测目标。另外，一般使用软件操控赤道仪，还可以调用相机拍摄的照片来消除赤道仪指向误差，其基本原理就是利用电脑分析一张照片中的星点，并与星图对比，然后得出望远镜实际指向的位置，再标记在星图软件上，这样赤道仪下一次转动之前，就精确定位了起始位置。

由于赤道仪一般都使用步进电机驱动，其转动角度控制也是很精确的，这就确保了赤道仪从已知起始位置转向观测目标的精确性。

常见的控制软件如 MaxIm DL 的 PinPoint 功能、The skyX 的 Image Link 功能等，都很好用。

电动调焦器近年来普及率越来越高，步进电机驱动调焦轮的精确旋转，不少常用的拍摄控制软件也都集成了调焦界面，如 MaxIm DL、The skyX 等，确实比手动调焦更加方便快捷。

电动镜盖则不是一般望远镜的标配，望远镜遮光罩口径又不尽相同，所以市面上很少见批量生产的电动镜盖，往往是爱好者自制或改装，甚至将电发光平场板功能整合在镜盖上，打开镜盖拍亮场，闭合镜盖可以拍暗场，也可以启用平场板发光拍平场，一物多用。

另外，如果使用额外的导星镜而不是 OAG 导星的话，就要考虑导星镜也需使用电动镜盖的问题。也有些爱好者为了省事，选择不使用镜盖，但这样做缺点太明显，会造成镜片严重积灰影响观测。

★第四步　正式观测拍摄

亲临现场观测

调整好指向位置之后，拍摄过程通常也是通过电脑控制的。

使用远程天文台观测

在正式拍摄阶段与亲临现场观测大同小异，如果使用数码单反相机，就需要使用一个可以用电脑控制的快门线，有些赤道仪也会提供快门线接口，如果使用制冷相机和滤镜轮，则只要一根 USB 线就可以了。

软件方面，导星与拍摄的选择很多，可以使用单一功能的软件组合，比如用PHD 导星，用制冷相机厂家提供的拍摄软件拍摄，也可以使用 MaxIm DL、The skyX 这类集成多种功能的软件同时完成导星和拍摄。

★第五步 结束工作

亲临现场观测

工作完成后需要仔细地收拾所有设备，打包装箱，再装车运走。

使用远程天文台观测

省却了这些繁琐的工作，只要把设备恢复初始位置就可以了，电动镜盖关闭，制冷相机回暖之后，可以通过电脑控制，关闭设备电源，然后控制电脑也可以关机，下次使用时再通过网络唤醒。当然，圆顶或移动屋顶也要关闭，然后等待下一个观测时段的到来。

这一章仅对建造和使用远程天文台观测的一般思路做一简单描述，当然有些过程如基建基本上是一劳永逸的，有些过程如具体观测就是不断重复的，也可能在具体工作中遇到各种突发情况，这就需要在实践中不断摸索和改进。

★基地远程天文台的建设

基地远程天文台目前建有一座平推式移动屋顶，机位提供不间断电源供电、远程天文台专用宽带网络接入，天文爱好者可在预定机位架设自备器材，基地专人负责日常管理服务。除面向个人爱好者，现已有腾讯及多家专业天文机构签约入驻，开展天象直播、远程天文数据采集等工作。

对于北京的爱好者来说，基地所处的地理位置，既可以亲临现场观测，又可以作为远程天文台观测的体验场所，并在使用中积累经验、调试系统，为在观测条件更好的地点建立远程天文台打好基础。

以北京市区的光污染情况，不可能进行高质量天文摄影观测，尽管基地的观测条件算不上极佳，但在距市区仅百公里范围内，综合交通、食宿保障等各种条件，也算是不错的选择。使用基地远程天文台，可以大幅度减少奔波之苦，对于刚开始尝试远程天文台观测的爱好者来说，设备出现问题时，又相对方便到现场处理。使用一段时间后，设备磨合充分，远程操作经验也更丰富，不再容易发生意外，还可以选择观测条件更好的台址（如我国西部、西南部，以及西藏等观星条件更好的地区），将设备整体迁移，获得更好的观测体验。当然，如果把远程天文台建在上千公里之外，必须确保设备工作稳定可靠，否则现场处理故障的成本将大大增加。

三、天文观测软件

本章主要介绍近20多年来开发的，广为爱好者使用的各种搜索天体、天象的软件。有些适合电脑，还有些既适合电脑，也用于手机、ipad 等设备。

1. 虚拟天文馆 Stellarium

Stellarium 是一款可以用于电脑的星图软件，还有手机中文版，这里简单介绍一下手机版的参数设置界面。

打开星图，出现图 3-3-1，点击左下角六个小方块，会出现图 3-3-2，点击左侧那个三横道，会出现图 3-3-3。

图 3-3-1　手机界面 1

图 3-3-2　手机界面 2

图 3-3-3　手机界面 3

有些手机可以打开 GPS 自动搜索设置位置，如果不能自动设置，也可以在位置下手动搜索观测地。日期和时间手机一般是自动匹配的。

图 3-3-2 下部的两排图标是快捷键。上排前三个分别是星座连线、星座名、星座图；第 4 个是赤道坐标；第 5 个是地平坐标；最后一个是地景。下排第一个是大气（取消大气可以让我们在白天看到满天繁星）；第 2 个是方位标记；第 3 个是深空天体；第 4 个是人造天体；第 5 个是搜索，可以输入已知天体名称搜索其位置；最后一个是夜间模式，即红色界面。有些设置还可以在图 3-3-3 的设置中的其他项中进行设置。

设置好，就可以查看天体位置了。图 3-3-1 下的⊕⊖用于放大或缩小星图，以便查找细节或者查看更广的天区。

实践提示

根据自己的设备下载相应的软件，在自己的手机或者电脑上安装 Stellarium，尝试手动设置观测地点、时间等参数。

利用 Stellarium 自己辨认星空中的恒星、行星等天体。

利用 Stellarium 搜索特定的天体的位置。

利用 Stellarium 查阅特定的天体的运动信息，如日出、日落时刻，月出、月落时刻等。

2. 电子星图 Skymap

Skymap 是目前流行的电子星图之一，它是由英国一位酷爱天文的物理学家和程序设计师 Chris Marriott 首先开发的。1993 年 2 月发行了第一个版本，通过历年来不断改进，目前的最常用的版本是 Skymap Pro10。

★ Skymap Pro10 的主界面

运行 Skymap10，窗口出现许多选项栏，最简单的方法是选最下面的"OK"（不注册使用），跳出一个使用指南框，不想它再出现，只要将最左边的"√"点一下使其消失，然后"close"即进入主界面。

如图 3-3-4 所示，中心部位是星图，黑色和蓝色的部分分别是位于地平面以下和以上的部分。左右上三面是各种快捷操作工具，下面比较重要的文字信息包括右面的日、月、年和时刻（精确到秒），图上所示为 2006 年 8 月 3 日 18 时 43 分 42 秒。S5.5 表示星图的极限星等为 5.5 等。

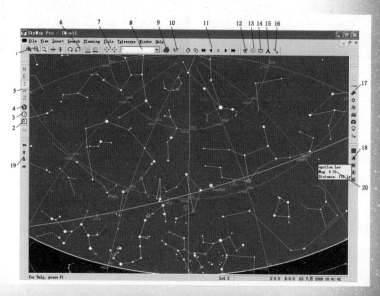

图 3-3-4　Skymap 主界面

Skymap10 可以实时实地演示星空，也可以预报天象，供我们查阅天体天象，制定观测计划。在使用前，可根据需要设定观测地点和观测时间。

★ 确定观测地点

点击左侧边栏快捷工具 4（Location），出现对话框图 3-3-5，地点库中只有一个中国南京，其他地点只能自己输入。

输入观测地点的纬度（Latitude）、经度（Longitude），单位为度（°）、分（'）、秒（"），可直接填写数字，也可用上下箭头增减数字，北纬（N）、南纬（S）、东经（E）、西经（W），直接用上下箭头变更选项。如图 3-3-5 所示，

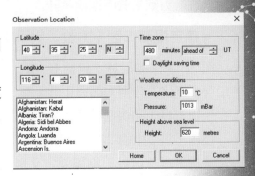

图 3-3-5　快捷工具 4 界面

本天文科普教育基地的纬度是北纬 40°35'25"，经度是东经 116°4'20"。

Time zone（时区），要求填写在世界时（UT）前（ahead of）或后（behind）的分钟数，东经为前，西经为后，每差一个时区就相差 60 分钟，如中国统一使用的北京时间属于东八区，填写"480"（ahead of）。

Weather conditions（天气条件），这个选项是为了用软件操作望远镜而设置的，单独使用软件不必改变默认的数值。

Height 为海拔高度，单位为米。基地是 620 米。

设置完成点击 OK。然后在菜单 File 下找到 Save Defaults（保存为默认方式），以后每次打开软件显示的就是你自己设置的星图了。注意"观测点定位对话框"中的"Home"是星图制作者家的信息，点击后就恢复到刚安装好时的位置了。

★ 确定观测时间

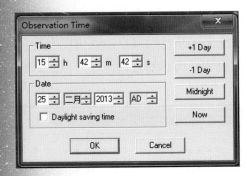

图 3-3-6　观测时间控制界面

图 3-3-4 快捷工具 3 和快捷工具 11 都是用来控制观测时间的。点击快捷工具 3 出现观测时间窗口，如图 3-3-6，左边是 Time（时间），单位为 h（时）、m（分）、s（秒），Date（日期），AD（公元），BC（公元前），可以根据需要直接设置。右边是四个选择键，+1Day（加一天）、－1Day（减一天）、Midnight（午夜）、Now（现在），点击可以快速跳转。

快捷工具 11 包括 7 个部分，一只钟表为实时演示，两只钟表为时间跳转设置，点击后出现对话框，如图 3-3-7，上面一栏设置跳转的时段长短，点击右边活动窗口的三角，出现跳转单位，包括 Year（年）、Month（月）、Day（日）、Hour（时）、

Minute（分）、Second（秒）、Sid Day（恒星日）；下面一栏设置实时跳转和连续跳转的时间间隔。单左箭头为时间向后跳转一段，单右箭头为时间向前跳转一段，双左箭头和双右箭头则是时间连续跳转。

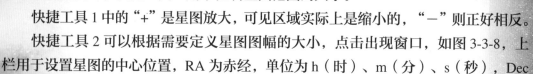

图 3-3-7　时长设置

★确定观测天区（方位、大小）

图 3-3-4 快捷工具 5 包括 N、E、S、W、Z，用于快速确定观测方位，分别为面向正北、东、南、西和天顶。

快捷工具 1 和快捷工具 2 用于控制星图范围的大小。

快捷工具 1 中的"+"是星图放大，可见区域实际上是缩小的，"－"则正好相反。

快捷工具 2 可以根据需要定义星图图幅的大小，点击出现窗口，如图 3-3-8，上栏用于设置星图的中心位置，RA 为赤经，单位为 h（时）、m（分）、s（秒），Dec 为赤纬，单位为°（度）、'（分）、"（秒），可对照全天星图确定，赤纬 N 为正，S 为负；中栏可以不改；下栏设置星图最短边的大小，默认为 90°。

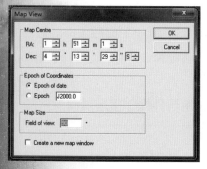

图 3-3-8　地图大小设置

还可以用鼠标直接选择想放大观看的天区，按住鼠标左键在星图上移动圈住一个区域，就会出现上述窗口，显示星图范围信息，比查星图输入数据更简单。

★星图的坐标

Skymap Pro10 有四套坐标系：地平坐标系、赤道坐标系、黄道坐标系和银道坐标系。星图默认的是地平坐标系。打开星图设置则出现地平线，用于确定地平高度和方位角的几个圈和天赤道。

快捷工具 18 可以选择在图上显示不同的坐标线。图标上字母 A 代表地平坐标系，R 代表赤道坐标系，E 代表黄道坐标系，G 代表银道坐标系。直接点击就可以发现星图的变化，不用怕图变乱了，就是真回不去了，关上软件再重新进入，还可以回到默认状态。

还可以用窗口设置坐标系统。

快捷工具 18 最上面那个没有字母的图标是用窗口设置坐标系统的。点击出现一个窗口，如图 3-3-9，里面有各类坐标系的选项，点击得到的结果与快捷工具直接点相同。

左下的按钮 Edit 是用来编辑坐标线的密度和标注等的，选中四个坐标系中的一个，点击

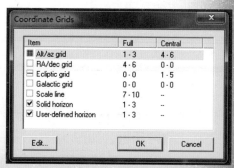

图 3-3-9　坐标系设置

出现一个新的窗口，如图 3-3-10，左上栏用于设置自动坐标线（Automatic）还是手动坐标线（Manual）；左中是选择显示 / 隐藏坐标标注；中间的活动窗口用于设置手动坐标线的间隔，填上数字后，在设置为手动方式下生效。

★快速查阅

使用 Skymap10 配合《全天星图》查阅天体效果更好。

星图上的点代表天体，黄色的是行星，空心的是太阳和月球，其他的是恒星。白天恒星全是白色的，夜间就会呈现出不同的颜色。

图 3-3-10　坐标线设置

将鼠标点中一颗天体，下面就会出现一个对话框，如图 3-3-4 上的 20。恒星显示 3 项或 4 项信息，名称（希腊名称的拼音，星座缩写），星等（精确到小数点后两位，变星显示光变区间，并多一项变星类型），距离（光年）；行星显示 4 项或 5 项信息，名称（英文通用名）、星等（精确到小数点后一位），距离和轨道半长径（天文单位），水、金、火星还有位相百分数；太阳和月球没有星等，太阳只有名称和距离（天文单位），月球距离单位是千米，此外还有位相。

查找某一个天体，当知道它的名字时，可以在图 3-3-4 上的窗口 8 输入名称，回车，不管它在地平面以上还是以下，都可查到它的位置。

★选择星图显示的内容

如图 3-3-4 快捷工具 17 包含有大量天体信息，由上而下依次为恒星、行星和卫星、星座、彗星、小行星、深空天体六类。

恒星（Stars）

点击恒星图标，出现恒星窗口，如图 3-3-11，最上面一行菜单包括 5 部分。其中后两个初级使用者最好不要动（GSC 是星表设置，Colour 是颜色设置）。当天黑以后，图上的恒星可以显示出不同的颜色。

图 3-3-11　恒星窗口

Display（恒星的显示方式）：Limiting 后填写设定的极限星等数值。也可以通过"快捷工具 7"提高或降低星图的极限星等，以 0.5 等为一级。Brightest 后的数值为最亮一级的星等，下面的 Display brighter 后边黑点的大小就是这一等级的星在星图上的大小，而 Display limiting magnitude 后边的小黑点则是图上最暗星的大小，可以用上下箭头调整它们的大小。随着极限星等的不同，需要选择适当大小的图形，能使星图看起来更清晰，且更容易分辨不同亮度的恒星。

行星和卫星（Planets）

行星窗口分三部分，第一部分 Labels 可以设置显示行星全称，缩写或不显示名称；Display 是设置图标大小的，有两个选项，按照亮度等级显示或实际大小显示，后一种选择只有在将星图放到很大时才有意义，同时此时还可以显示木星的伽利略卫星。

星座（Constellations）

快捷工具 17 中的第三个键（Constellations）中可设置显示 / 隐藏星座名称、主要星连线、星座界线、星名等。

彗星（Comets）

保存有 80 多颗 2003 年以前发现的近年可回归的周期彗星的数据。

小行星（Astroids）

保存有 500 颗小行星的数据。

深空天体（Deep Sky Objects）

深空天体主要包括 Nebula（星云）、Galaxy（星系）和 Cluster（星团），同时这里还列出了 Supernova remnant（超新星遗迹）、 Quasar（类星体）、Radio source（射电源）和 X-Ray source（X 射电源）以及 Cluster of Galaxies（星系团）。星云有Planetary Nebula（行星状星云）、Bright Nebula（亮星云）和 Dark Nebula（暗星云）之分；星团又分 Globular Cluster（球状星团）和 Open Cluster（疏散星团）。

将鼠标点中深空天体，信息框中一般显示 4 项内容，名称、天体类型、星等、大小。

★ Skymap 的菜单

在菜单中，包含一些快捷工具能控制的内容。这里只介绍快捷工具不包含的又比较常用的内容。

View（观看方式）

Map Key 可显示图例（各种符号代表的天体类型和量级）

Toolbars 可选择显示或隐藏某类快捷工具。

Colours 星图的颜色选项，有三个选项，Normal（标准）、Red（红色，夜间实际观测时用）和 Black on white（黑白，打印时用）。

Clean Up Map 清理星图，可将我们附加在图上的标记清除。

Search（搜索）

此项搜索是用于搜索天体的，它与快捷工具的不同是能够列出要搜索的天体类型以及部分天体名称。而且在选中某个天体后不仅能利用 goto 按钮在星图上找到它，还可以通过 info 按钮查阅该天体的详细信息。

菜单搜索分为以下几类：

Planet 列出了行星和日月。

Constellation 列出了所有星座。

Star 有两种查找方式，拜耳编号 + 星座名或西文通用名，选中要查找的恒星名称，点其后的 +，它就被添加到搜索框中。

Deep Sky Catalog number Object 星表编号的深空天体。

Deep Sky Popular Name 深空天体通用名。

Asteroid 列出了 100 颗小行星的名称和数据。

List 列表，Stars（恒星表）、Double stars（双星表）和 Variable stars（变星表）三个表中有数据可供查询。

Tools（工具）

这是用来查阅各种天象的。

Phenomena（天象）：包括 Daily Events（每日天象）、 Day and Night（昼夜变化）、Phases of the Moon（月相）、Visibility Report（天体报告）、Events（事件）和 Jupiter Events（木星事件）。

Eclipses 查询日月食的工具。

Table 包含有 20 个表，其中有日月食更详细数据资料的表各 5 个，水星和金星凌日的各 1 个，大距的各 1 个，另外 6 大行星数据表各 1 个。

实践提示

在 Skymap Pro10 上寻找 21 颗一等以上恒星。

利用 Skymap Pro10 寻找夜空中的星。

利用 Skymap Pro10 查找当天天象。

利用 Skymap Pro10 查阅当年日食和月食预报。

3. 掩星计算软件 Occult4.0

Occult 是一个功能非常强大的软件，属于比较专业的免费软件，其中一些内容初级爱好者也能用得上。目前最新的版本是 Occult4.0。

★网上下载 Occult

在 网 址 http://www.lunar-occultations.com/iota/iotandx.htm 下 找 到 板 块 Occult Software and Related Information，点击其中的 Occult Version 4.0 Prediction Software，就可以进入下载软件网页，按照提示依次下载程序，然后安装。

★ Occult4.0 的主要内容

Occult 包括 8 个计算程序，打开程序如图 3-3-12。
左边一列八个图标自上而下为：行星掩星、小行星掩星、
日月食和内行星凌日、星历表、月掩星预报、月掩星分
析及报告、人造天体掩星，最后一个的功能是软件维护
及数据更新。

图 3-3-12　　Occult4.0 主界面

★ Predictions 的使用

Occult 非常有用的一个预测内容是日食的计算。

点击图 3-3-12 左侧第三个图标 Eclipses & Transits，即出现图 3-3-13 所示界面。

上面一排三个按钮分别是日食、月食和内行星凌日预报，下面的部分是用于分析
贝利珠的程序。

点击日食按钮，上面的菜单中 1 为主菜单；2 为一些详细预报选项；3 是软件
使用说明；4 是时间选项，可调节上下箭头，给出过去或未来 10 年的日食列表；
5 是在列表上选择一次日食点击，下面就出现这次日食的食带路径图；6 是几个快
捷键。

★主菜单

前三项是路径图模式选项，在前面的空格上点击出√，选项生效，第一个是鼠标
所到之处图上会显示坐标，第二个是黑白图，第三个是彩色图。

主菜单下面的一些选项是保存、复制、打印数据和路径图的。

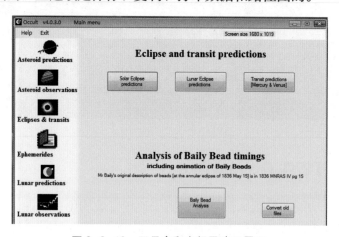

图 3-3-13　日月食和内行星凌日界面

查询详细预报（Detailed Predictions）

Detailed map 是绘制详细地图，1、2 填写经度范围，东经为正，西经为负；3、
4 填写纬度范围，北纬为正，南纬为负；5 为图上显示地点。填好后，点击 Draw
map，就会绘制出详细日食路径图了。

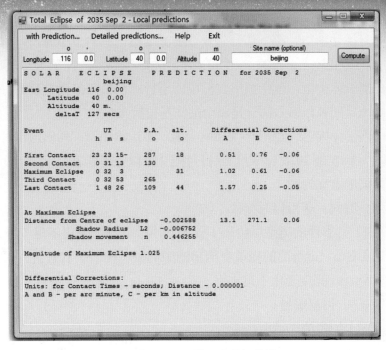

图 3-3-14　一地日食预报数据

Local Predictions 为一地预报，填写 Longitude（经度）、Latitude（纬度）、Altitude（海拔高度）、Site name（地名）后，点击 Compute（计算），就会给出此地的日食数据。包括日食各阶段的时刻（UT 世界时）、PA（日面方位角，从真北测量）、太阳地平高度，以及食甚时的食分等。如图 3-3-14 为 2035 年 9 月 2 日北京的日食预报数据。

月掩星预报

点击 Lunar Predictions 出现图 3-3-15。

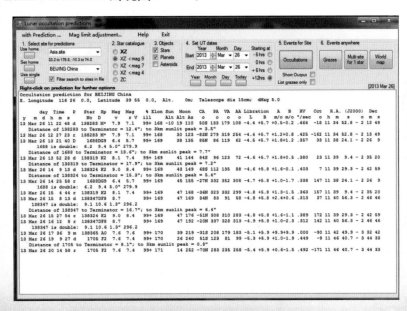

图 3-3-15　一地日食预报数据

首先根据观测地实际情况设置极限星等（Mag limit adjustment）。

菜单下面是活动窗口，第一部分是设置观测地点，有两个小窗口，大洲和地点，图上选择了 Asia（亚洲），北京；第二部分是选择星表，选择了 XZ9 等以上；第三部分是选择被掩天体类型，包括恒星、行星、小行星；第四部分是设置时间段；第五部分是一日被掩星列表；第六部分是单个被掩星位置预报。

设置好前四部分内容，点击"Occultations"即开始计算，列出选定时间段可见的月掩星，如图 3-3-15 是 2013 年 3 月 26 日月掩 9 等以上星列表。

列表中数据的意义为：

第 1~6 列，时间：年月日时分秒（UT）。

第 7 列（P），事件的类型（阶段）：D 消失，d 亮度变化不足 1 等；R 再现，r 亮度变化不足 1 等；Gr 当地的掩星在掩星的中间时（相当于食甚），恒星进入月球距离边缘小于 4"，gr 亮度变化不足 1 等。

第 8 列 Star No 恒星编号。

第 9 列（Sp）恒星的光谱型。

第 10 列（Mag）目视星等。

第 11 列（V）变星：e 或 E 食变星；v 或 V 其他类型；s 或 S 疑为变星（大写表示亮度变化超过 0.5 等）。

第 12 列（%ill）月球明亮部分的百分比。如果在后面有 +，为满月前；—为满月后；E 在日蚀期间。

第 13 列（Elon）太阳与月球的角距，单位：度。

第 14 列（Sun alt）太阳高度，仅当太阳超过 -12 度时标出。

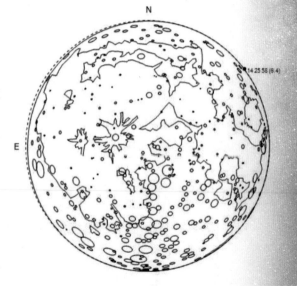

图 3-3-16　月掩星位置图

第 15 列（moon alt）月球高度。

第 16 列（moon az）月球方位。

第 17~32 列，恒星的坐标：RA 赤经（时、分秒）；Dec 赤纬（度、分、秒）。

对于一些比较著名的恒星，还会提供更多的信息。如双星，如果双星的轨道为已知，会给出轨道的位置角。

在列表中选择一个预报行点击鼠标右键，出现一个菜单，包括计算本次事件的各种数据，以及显示掩星时的月球图和被掩星的位置，如图 3-3-16，以及绘制掩星地图。

还可以绘制时段内全球任一颗恒星被掩分布图，点击 World map 会出现可能被掩星列表，点击其中一颗星，同样可以绘制出一幅地图。

实践提示

　　尝试一下利用 Occult4.0 查阅月食数据，看看最近 10 年的月食，哪几次北京可见？

　　找出距离现在最近的一次月食，查阅其具体数据。

　　找出北京可见日食中食分，查阅其具体数据。

附录

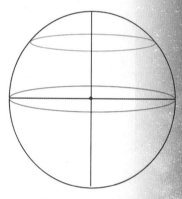

一、天球坐标

1. 球面坐标基础

★球面上的大圆和小圆

过球心的平面切球面为大圆，如附图1上红色的圆。

不过球心的平面切球面为小圆，如图上绿色的圆。

球面上的极

过球心与大圆垂直的直线相交于球面上的两点为此大圆的极。

附图1　球面上的圆

★球面坐标

球面坐标以一个大圆为基础，此大圆及平行于此大圆的小圆为纬线，与此大圆垂直的大圆为经线，定义一组球面坐标。

球面坐标以度计量。

2. 天体的视位置

满天的星斗常常引起我们的好奇。星星距离我们非常遥远，用普通的方法是难以测量的。但是，我们可以通过一些简单的方法测量它们在天空中的视位置。

天体的视位置及其变化是业余天文爱好者观测的主要内容之一。

很久以前，人们就认识到，我们在地球上看到的星空是一个半球形，事实上，当人类认识到地球是一个球体以后，就知道了我们在地球上任何一个地方看到的星空只是整个星空的一半，全部星空是一个球形。北朝民歌体现了先民朴素的天地观——天圆地方的盖天说。

北朝民歌

敕勒川，阴山下。天似穹庐，笼盖四野。

天苍苍，野茫茫。风吹草低见牛羊。

★天球

为了方便观测，人类创造了天球——一个假想的球面。

天球是以地心为球心，无穷为半径的假想球面，所有的天体都投影在其上。

测量天体的视位置和它们相互之间的距离，都要使用角度。

附图 2　天球仪

★天球仪

天球仪是天球的模型，其特点是，需要从内向外看，时地都可变，全球都可用，所以有些天球仪做成了透明的。如附图 2 所示。

★天体之间的角距

从视位置来说，天体之间的距离称为角距。

在天空中，除了北极星以外，其他恒星的视位置都是在不断变化的，但是它们相互之间的位置却是固定的，也就是说，恒星之间的角距是相对固定的。例如牛郎星和织女星之间的角距大约是 30°。

严格说，北极星的视位置也是有变化的，只是变化极其微小，肉眼很难察觉。

最简易的测量方法可以不用任何仪器，只用自己的一只手和眼睛。

将一只手臂伸直，正对前方。拇指的宽度约为 2°，拳头的宽度约为 10°，张开五指，拇指与小指之间的宽度约为 20°。如附图 3 所示。

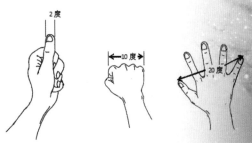

附图 3　简易测量天体之间的角距

闭上一只眼睛，用一只眼睛将手与要测量的星星比较，就可以大致估计出星星之间的角距。

天空中还有两个天体，可以作为我们更精确地测量角距的参照物，即太阳和月球，它们的视圆面直径大约是 0.5°。

3. 天球坐标系

描述天体的位置，专业的方法就是坐标。天球坐标根据用途不同，有不同的坐标系统，最常用的有 4 种，地平坐标系、赤道坐标系、时角坐标系、黄道坐标系。

4. 地平坐标系

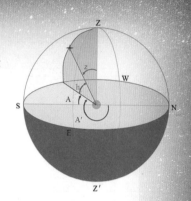

附图 4　地平坐标系示意图

地平坐标系是最容易感受到的坐标系见附图 4。主要用于定位我们观测到的半个天球上的天体。

通常，我们仰望星空，看到一个天体，我们就可以用地平坐标描述它的位置。

★ 地平圈

在视野开阔的平原我们可以看到地平线即地平圈。

附图 4 上标出了地平圈上的北（N）东（E）南（S）西（W）四个基本方向，地平坐标的基点是南点，通常习惯上是从北点开始计量。Z 为天顶，Z' 为天底。

★ 子午圈和卯酉圈

子午圈是连接南北点及天顶、天底的大圆。可以以天顶和天底为界分为两部分，包括南点的半个圆为午圈，另外半个圆为子圈。

卯酉圈是连接东西点及天顶、天底的大圆。

★ 地平高度（h）

天体在连接地平线与天顶的圆弧上与地平线相差的角度叫做地平高度，用 h 表示。从地平线到天顶是 1/4 个圆周，即 90°，因此天体的地平高度最大为 90°。地平线以下天体的地平高度为负值，如天底的地平高度为 −90°。

★ 方位角（A）

地平线的一圈是 360°，连接天体与天顶的圆弧与子午线的夹角为方位角（A）。自南向西顺时针方向计算。地理学上的方位角是从北开始计量，即（A'）。

5. 赤道坐标系

赤道坐标系是基于地球地理坐标系统向外延伸到天球而确定的。用于确定天体在天球上的位置。在大部分星表上给出的数据是天体的赤道坐标。星图也是根据赤道坐标绘制的。

由于除了太阳系天体以外，其他天体在天球上的位置变化是极其微小的，在短时间里可以认为是不变的。

同时，我们也可以根据天象预报的太阳系天体的赤道坐标来确定它们在星座中的位置。

★天赤道

天赤道是地球赤道向外延伸，与天球相交的大圆，附图5上红色的圈。

★天极

地球南北极向外延伸，与天球相交的两点是天极，包括北天极（P）、南天极（P'）、北极星就位于北天极附近。

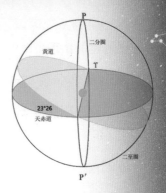

附图5　赤道坐标系示意图

★赤纬圈

天球上与天赤道平行的圈是赤纬圈。

★赤纬（δ）

赤纬是赤纬圈的命名，以从天赤道到南北天极的度数来量度，用希腊字母 δ 表示，北为正，南为负。天赤道赤纬为 0°，北天极为 +90°，南天极为 −90°。

★赤经圈

连接南北天极的大圆组成赤经圈。

★春分点和秋分点

地球公转轨道面（黄道）天赤道不是平行的，之间有 23°26' 的夹角，这就是黄赤夹角。

由于黄赤夹角的存在，天赤道与黄道有两个交点，升交点和降交点。

太阳在黄道上周年视运动从天赤道以南向北穿过天赤道的点称为升交点，即春分点（γ）；向南穿过天赤道的点称为降交点，即秋分点。

★二分圈和二至圈

经过春分点和秋分点的赤经圈为二分圈。

二至圈是与二分圈垂直相交的赤经圈。

★天体的赤经

天体的赤经从春分点起算，向东量度，0~24 小时。

恒星的赤经和赤纬是几乎不变的。

6.时角坐标系

时角坐标系是与天体周日视运动相关的天球坐标系统。了解这套坐标系统可以让我们对天体每日是如何运行于天空有更清楚的认识。

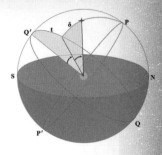

附图6 时角坐标示意图

★时角坐标系与赤道坐标系相同的圈和点

天赤道，附图6上红色的圈，赤纬圈、北天极（P）、南天极（P'）。

★时圈

时圈与赤经圈相同，只是量度方式和起点不同。

子午圈和六时圈是两条特殊的时圈。

★子午圈

连接南北天极和天顶、天底的赤经圈是子午圈。

子午圈与天赤道相交的两点分别为下点（Q）和上点（Q'）。

子午圈以南北天极为界，以上点为中心的半个圆弧为午圈，另外半个圆弧为子圈。

★两个不同的子午圈

时角坐标系的子午圈和地平坐标系的子午圈是同一个圈，不同之处是起算点。

地平坐标系的分界点是天顶和天底，时角坐标系的分界点是南北天极。

★六时圈

与子午圈相差90°的赤经圈是六时圈。

★时角（t）

时角是赤经圈的坐标名称，用英文字母 t 表示，以上点为起点，从天赤道上向西度量，从 0~24 小时。

7.黄道坐标系

黄道是太阳周年视运动的轨迹。黄道与天赤道的夹角约为 23°26'。

黄道坐标在讨论太阳系天体的位置变化上有着重要意义，根据天体的黄道坐标，我们可以了解它们相对于太阳的位置,从而可以推测它们的视位置、亮度、位相等特征。

天球上与黄道平行的圈称为黄纬圈，黄纬向北为正，向南为负，从 0°~90°。北黄极（E）为 +90°，南黄极（E'）为 − 90°。

黄经的起算也是从春分点开始向东计量，从 0°~360°。

实践提示

　　天体之间的角距和天体的视位置是天体观测的基础。

　　天体的地平高度直接影响到我们的观测效果，当天体地平高度比较小时，大气消光的影响就比较严重，很多专业天文观测项目要求天体的地平高度达到一定的高度才有效。业余天文观测天体地平高度的影响也不容忽视。在有地面光干扰的情况下，天体的地平高度对观测的影响更加显著。

　　在开始观星时，可以尝试用上述简易方法估测天体之间的角距及天体的地平高度。

　　每当夜空出现一颗比较明亮的星时，经常会有人问，那是什么星？当你能确定天体的地平高度和方位时，你就可以远距离解答这样的问题了。如附图7所示。

　　例如：某一天，一个同城的朋友在微信上说，西南方有颗亮星，你推窗一看，就知道他说的是哪颗星？

附图7　傍晚西方低空的月球与金星

二、星图

星图是天文观测的基本工具，目前主要有纸质星图和电子星图。本节只介绍纸质星图。

1. 活动星图

附图8　活动星图

活动星图使用的坐标是地平坐标系（见附图8）。它可以让我们查阅一定纬度范围的任何时间位于地平线以上的星星的大致位置。国内主要有适合我国北方地区使用的北半球中纬度（30°~45°）活动星图和适合我国南方地区使用北半球低纬度（15°~35°）活动星图。也有标注为 15°~45° 的活动星图，使用起来难度要比较大些。

活动星图是用一颗铆钉将上下两盘固定在北极星上，这样，转动星盘，星星就都围绕着北极星旋转了。

★ 活动星图时间的确定

转动星盘，将下盘上当天的日期对在上盘上需要观察星空的相应时间，如附图 8 所示是 4 月 20 日 21 时的星空。

星图上的方位与地图不同，一般是上北下南，左东右西。但活动星图又有不同。

★ 活动星图上方向的确定

看活动星图，上面的东南西北在什么位置？

★ 活动星图上天体地平高度的确定

做连接星图上的南北两点的直线，为子午圈；

将子午圈平均分为六份，中点为天顶；

以天顶与东西两点做弧线，为卯酉圈；

将卯酉圈也平均分为六份；

以子午圈和卯酉圈天顶两侧的点连接成的两个椭圆，分别为60°（内圈）和30°（外圈）地平高度圈。

有了这两个圈作为参照，就可以估计天体的大致地平高度了。

实践提示

　　仔细观察活动星图，你会发现，观察日期和时间之间有微妙的关系，日期每相差 10 天，时间大约相差 40 分钟。

　　将活动星图举过头顶，仰头看，就可对照星空找星了。

　　利用活动星图，在室外寻找夜空中的最亮的几颗星——一等以上的星，估测它们的地平高度，确定它们的方位，并估测它们之间的角距。

　　观察活动星图，看看图上是如何表现恒星的星等的？

2. 全天星图

活动星图可以帮助我们了解恒星在夜空中的位置，寻找和识别星座。但是，活动星图存在图幅小，容纳量少，变形严重等问题，当我们要了解恒星更精准的位置，认识更多的恒星时，可以使用全天星图。

全天星图一般将全天分为多幅图，以缩小变形，同时容纳更多的天体，标注内容也更翔实。

我国在不同年代发行过不同版本的全天星图。现以 2011 年版的《实用全天星图》介绍其主要参数及使用方法。

2011 年版《实用全天星图》分为 16 幅图，附图 9 为第一幅。

全天星图使用的坐标是赤道坐标系。

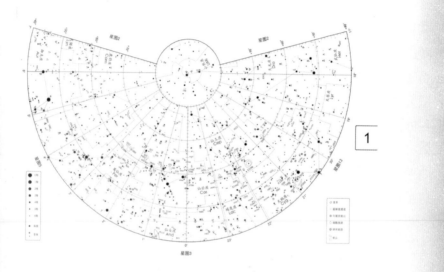

附图 9　全天星图第一幅

★星图上的线

星图上的线主要包括能帮助我们测量天体位置的赤经线和赤纬线，如附图 9 上的赤经线为以北天极为圆心的放射状直线，赤纬线为同心圆弧。在赤经线和赤纬线上还有短线，它们能方便我们更精确地测量天体的视位置。

星座中主要星之间的连线可以帮助我们更好地想象、记忆天体之间的位置。

星座之间的界线为细虚线。

黄道用粗虚线表示（黄经每隔 30° 有短线）。

★表示恒星的符号标记

和活动星图一样，全天星图上也用不同大小的圆点表示不同亮度的恒星，见图上左边图例中上 7 个，其中 1 等星的星等大于 1.5 米，2 等星的星等介于 1.5 ~2.5 米之间，

3 等星的星等介于 2.5 ~3.5 米之间，依次类推。

全天星图上的极限星等为 6.5 米。

极限星等：图上最暗星的星等。

除了用不同大小的圆点表示恒星亮度的星等以外，在星等的标记上，还叠加上另外两种标记，即变星和双星的标记，见左边图例下 3 个。

除了极限星等高于活动星图以外，全天星图还包含了更多类型的天体，如星云、星团、星系等天体，分别用不同的符号标示出来，见右边图例。

★星图上的文字标记

赤经（每隔 1h 标注），赤纬（每隔 10° 标注）。

星座名称标注有中文和西文缩写。

恒星名称为小写希腊字母和数字，1~2 个英文字母表示的是变星。

星云、星团、星系等天体或天体系统以数字标注，数字前面有 M 的为梅西叶天体编号（见 2-6 梅西耶天体），数字前面有 IC 的为 IC 编号，纯数字的为国际天文组织所给的统一编号 NGC 编号，可以在相应的星表上搜索相关信息。

有了以上坐标线和各种标注、图形，我们就可以在星图上查找天体的位置、类型、亮度等情况了。同时，也可以根据星表或天象预报的天体坐标，在星图上查找天体或其位置。

实践提示

在全天星图上查找全天 21 颗一等以上亮星，在星图上确定它们的赤经、赤纬。

利用活动星图，查找今晚 21 时位于天顶附近的星座，选择一个星座，比较活动星图和全天星图中的星星数，并做实际观测，看看我们能在这个星座中看到多少颗星星。如附图 10 所示。

附图 10 猎户座

三、天体的视运动

运动是宇宙的根本规律。生活在运动的宇宙中，我们随时都能感受到宇宙的运动。天文观测中最容易做的就是观测天体的周日视运动。

1. 天体的周日视运动

天体的周日视运动是以日为周期的运动。

周期：周而复始的重复。

★天体周日视运动的起因

地球自转是导致天体周日视运动的原因。

★地球的自转

地球以连接南北极的假想轴线为轴，自西向东自转。

地球自转的周期：23 小时 56 分 4 秒（平太阳时，见下节）。

天体周日视运动是相对运动，方向是自东向西。

★天体周日视运动的规律

大部分天体的周日视运动基本上都是沿着其所在的赤纬圈运动的。赤纬越高的天体（距离北极星越近），视运动幅度越小。

所有天体周日视运动时角都是增加的，而且增量相等。

★天体中天

天体过子午圈的时刻被称为天体中天，分上中天和下中天。

上中天：天体过午圈的时刻（天体一天中视位置最高的时刻）。

下中天：天体过子圈的时刻（天体一天中视位置最低的时刻，可能在地平线以下）。

2. 太阳的周年视运动

太阳是一颗恒星，但是太阳的周日视运动与其他恒星不同。

由于地球是太阳的行星，地球围绕太阳公转导致了太阳在星空中不断运动，这就是太阳的周年视运动。

附录

天文故事

人类在蒙昧时期，就像一个天真的孩童，对一切未知的事物都充满着好奇，而所有未知的事物中最令人迷惑的就是那满天的繁星和太阳月亮了，它们那么明亮，却看得见摸不着，使人不禁幻想连篇，多想生出翅膀，飞上天去看看，它们是什么样子？它们上面又有些什么？

人们通过长期的观察还发现，日月星辰的运动既富于变化又有规律，探索这规律以及它们对我们人类生活的影响，就成了许多人追求的目标。

遥远的传说——盘古开天和女娲补天

传说最早的世界只有一个大鸡蛋一样的东西，盘古就睡在里面。他睡了18000年，这一天他终于醒了，觉得周围怎么这么黑呀！他使劲儿一伸腰，蛋裂开了，盘古就出世了。盘古出世以后，每日天增高一丈，地增厚一丈，盘古的身子也长一丈，如此又18000年，天极高，地极厚，盘古极长。这就是"盘古开天"的故事。如附图11所示。

附图11 盘古开天

盘古死后，他的四肢变成了高山，左眼变成了太阳，右眼变成了月亮，血液变成了江海，毛发变成了草木，胡须变成了星星。

后来，有一个叫共工的水神想与黄帝的孙子颛顼（Zhuānxū）争皇帝，可是他被颛顼打败了，他也是一个很有本事的神仙，怎么受得了这样的耻辱？所以，他想一死了之，就一头向不周山撞去。

谁想到这不周山原来是西南边撑天的柱子，这一撞，共工没撞死，倒把不周山给撞倒了，结果西南边的天塌了一角，天上露出了许多大窟窿。这下可捅了大娄子，炎炎的烈日烤得遍地燃起了熊熊的大火，飞来的陨石给地上的生灵带来了严重的灾难。

附图12 女娲补天

女娲是人类的始祖，看到自己的孩子在苦难中挣扎非常痛心，就决心把天补好。她挑选了五色彩石，熔炼成岩浆，把天上的窟窿一个个补好了，从此，天上就有了五彩的云霞。如附图12所示。可是天空还是稍微有些向西倾斜，所以，天上的日月星辰就总是往西边跑。

实践提示

天黑以后，在天空寻找北极星，练习辨认北极星周围的星星。

以北极星为参照，寻找南方天空的星星，你能认出什么星座？

一小时后，观察北极星周围的星星发生了什么变化，南方天空的星座又是怎样变化的？

附图13 天赤道附近的天体周日视运动

通过一段时间的实际观测，你发现星星的周日视运动的方式与其距离北极星远近有什么关系吗？如附图13所示。

在本节的两幅天体周日视运动照片中，你能标出不同位置的天体视运动的方向吗？

★ 地球公转

地球围绕太阳公转的轨道是椭圆轨道。

地球公转轨道的近日点距日为 1.471×10^8 千米（1月2日前后），远日点距日为 1.521×10^8 千米（7月3日前后）。日地平均距离为 1.496×10^8 千米。如附图14所示。

地球公转的方向也是自西向东，周期为1年。

★ 恒星年

恒星年是以恒星为参照点看太阳视运动的周期，为365.2564日。

恒星年是地球围绕太阳公转的实际周期。

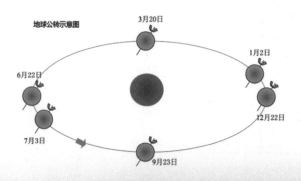

附图14 地球公转示意图

太阳周年视运动的方向也是自西向东。

太阳周年视运动的速度为 360°/365.2564（度 / 日）

太阳平均每天向东移动将近一度（0.9856° 或 59'8.2"）。

天文故事

两小儿辩日

孔子东游，见两小儿辩斗。问其故。

一儿曰："我以日始出时去人近，而日中时远也。"一儿曰："我以日初出远，而日中时近也。"一儿曰："日初出大如车盖；及日中，则如盘盂，此不为远者小而近者大乎？"一儿曰："日初出沧沧凉凉；及其日中如探汤，此不为近者热而远者凉乎？"孔子不能决也。两小儿笑曰："孰为汝多知乎？"

许多人都听说过这个故事，我国古人就疑惑，太阳什么时候离我们近，是早晨，还是中午？就连最有学问的孔子也被这个问题难倒了。你能回答这个问题吗？

（出自《列子》）

实践提示

通过观察太阳，我们很难感受到太阳的周年视运动。但是，通过观察星星，我们可以感受到太阳的周年视运动。

太阳的周年视运动是我们在不同季节会看到不同星空的原因，即四季星空的形成原因，也是斗转星移的原因。

在晚上观察上中天的星星，你会发现，每过一周，同一颗星星升起或者上中天的时刻都会有明显变化。

它是提前还是推后了？大约差了多长时间？

四、时间及其计量

时间有"时段""时刻"两个含义。

时间的单位：年（Y）、月（M）、日（d）、时（h）、分（m）、秒（s）。

地球、月球的运动给出三种天然的时间单位：日、月和年。早期，人们根据这三种天然的时间单位确定了历法。为了更精准地利用时间，人们又逐步将一日人为定义了更小的时间单位，即：时、分、秒。

在天文观测中，时间是一个非常重要的参数。在不同的天象预报系统中，会使用不同的时间系统，为了人们使用方便，天文资料上给出的时刻必须标出计量标准。在不同的地点观测，要正确利用预报数据，必须了解时间的意义以及不同时间系统之间的换算方法；在记录观测结果时，也必须注意时刻的精确度，因此，我们需要了解不同的时间计量方法。

1. 地方时与区时

★地方时

地球上任一点以其所在的经线为参照计量的时间。

事实上，在地球上同一纬度，当地方时相同时，所看到的恒星位置是完全相同的。

★区时

全球划分 24 个时区（每个时区 15°），以每区中央经线为参照计量的时间即为区时。

如附图 15 所示，Z 是中时区，也叫 0 时区，涵盖的经度范围为西经 7.5°~ 东经 7.5°；从东经 7.5° 向东，A~M（没有 J）依次为东一区到东十二区，从西经 7.5° 向西，N~Y 依次为西一区到西十二区。

时区的中央经线的经度 =15°× 时区数，东一区到东十一区为东经，西一区到西十一区为西经，0° 经线为中时区的中央经线，东十二区和西十二区合起来是一个时区，180° 经线为其中央经线。

一些国家幅员广阔，覆盖了三个甚至更多个时区，其中一些国家按照行政区采用不同的时间，如澳大利亚有东部、中部和西部三个时区，加拿大有育空、太平洋、山地、中部、东部、大西洋和纽芬兰七个时区等。也有些国家全国统一使用一个区时，如我国统一使用北京时间。

★世界时（UT）

0°经线（经过英国伦敦格林尼治天文台原址）的地方时（0时区的区时）。

在天文年历、天文网站、天文软件等资料中经常会使用世界时。

★北京时间

北京时间即E120°经线（东八区的中央经线）的地方时（东八区的区时），为我国统一使用的标准时间。

北京时间与UT的换算

有些天象的预报可以直接用世界时，如日出日没、晨昏蒙影等；另外一些天象的观测，如月食、流星雨等，则需要用世界时换算成北京时间。

北京时间与世界时的换算方法，东加西减。

北京时间 = UT + 8（时）。

★历书时（ET）

由于科学技术的发展，尤其是稳定、准确的石英晶体振荡器和石英钟的出现并用于守时，人们发现地球的自转是不均匀的，在不同的年度得到的世界时秒长并不一致，于是便出现了历书时和原子时。

1960年第十一届国际计量大会决定采用：根据地球公转周期获得的历书时（ET），历书时的秒定义："秒为1900年1月0日历书时12时起算的回归年的31 556 925.9747分之一"。

历书时是1960—1966年间用于天文编历的时间。

★原子时（TAI）

秒的新定义：1967年举行的第十三届国际计量大会决定以铯原子的跃迁作为秒的新定义，即铯原子同位素Cs133基态超精细能阶跃迁的9 192 631770个周期所持续的时间定为1秒，称作"原子秒"。

铯原子钟：利用铯原子内部的电子在两个能级间跳跃时辐射出来的电磁波的频率作为标准，去控制校准电子振荡器，进而控制钟的走动。由全球多台原子钟协作提供国际原子时，从1958年1月1日世界时0时起算。

原子时是1967—1976年间用于天文编历的时间。

以铯原子跃迁辐射频率的9 192 631 770周为1秒。

★协调世界时（UTC）

以原子时为单位，参照世界时以加闰秒的方式调整成协调世界时。目前发播时号采用的即为协调时。

协调世界时秒长 = 原子时秒长，从1972年起使用。积累起来比地球自转差0.9

秒以上时，则跳 1 秒，称闰秒，有正闰秒、负闰秒之分。只在 6 月 30 日或 12 月 31 日最后 1 秒操作。目前所有的闰秒都是正闰秒，尚无负闰秒。

★力学时（TDT）

1977 年以来天文历表使用的时间。

20 世纪 70 年代，时间观测的精度使牛顿力学不再符合观测，要用广义相对论。太阳系质心系和地心系的时间不相同。

1976 年，国际天文学联合会（IAU）定义了这两个坐标系的时间：太阳系质心力学时（TDB）和地球力学时（TDT）。

1977 年 1 月 1 日 0h0m0s 确定为 TDT 时间 1977 年 1 月 1.0003725 日。

TAI 与 TDT 的换算：

TDT = TAI + 32s.184。

2. 恒星时

★恒星日

恒星连续两次上中天的间隔时间为 23 小时 56 分 4 秒。

以恒星周日视运动为基础计量的时间为恒星日，恒星日的起点为春分点上中天的时刻。如附图 15 所示。

★恒星时

一个恒星日分为 24 个恒星时。

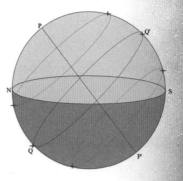

附图 15　天体中天示意图

任一恒星的时角 = 恒星上中天以后的恒星时。

恒星时对于观测恒星以及与恒星周日视运动类似的天体有着重要意义，所以在天文台一般都有恒星钟。

3. 太阳时

太阳时是我们通常使用的时间。

太阳时是从太阳下中天开始计算的时间。

★真太阳日

如附图 16 所示，地球在自转的同时，还围绕太阳公转，假设当其自转一周时，地球上的一个固定地点从 N1 转到了 N2 的位置，此时，地球也从 1 的位置公转到了 2 的位置，但 N2 的太阳并没有到达同样的位置，地球必须要自转到 N2' 的位置，太阳才到达了同样的位置。而要多转过的角度 θ 就需要大约 3'56"，因此一个太阳日比一个恒星日大约长 3'56"。

由于地球绕日公转的轨道为椭圆，导致公转速度的不均匀，太阳在黄道上运行的速度也时快时慢，太阳日的长短也就有变化。

在近日点附近，地球公转速度快，太阳日就要稍长一些；远日点附近则相反，太阳日要短一些。真太阳日长度不等，最长与最短的一天相差达 51 秒。

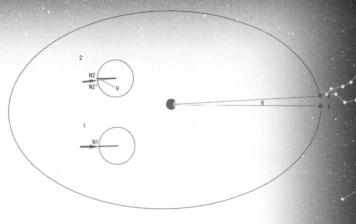

附图 16　恒星日和太阳日示意图

★平太阳日

我们通常使用的时间必须是稳定不变的，因此，19 世纪末，天文学家纽康设计了一个假想天体——平太阳。

由于真正均匀运动的太阳不存在，就必须找到一个假想点，使其运动均匀。首先引入一个辅助点，在黄道上作等速运动，其运行速度等于真太阳运动的平均速度并且和真太阳同时经过近地点和远地点。再引入另一个辅助点，使其在赤道上做等速运动，它的运行速度和黄道上的辅助点速度相同，并且与第一个辅助点同时通过春分点。这第二个辅助点就叫做平太阳。即假想的一个均匀运动的太阳。

平太阳日：平太阳圆面中心连续两次下中天的时间间隔。

一平太阳日 = 24 平太阳时，

一平太阳时 = 60 平太阳分，

一平太阳分 = 60 平太阳秒。

平太阳时与太阳时角的关系是 $m = tm + 12h$（$tm < 12h$），

$m = tm - 12h$（$tm \geqslant 12h$）。

m 平太阳时，tm 太阳时角。

计量时间的各种钟表就是以平太阳时为基础制造出来的。

★时差

真太阳时和平太阳时的差叫做时差，用 η 来表示。

$\eta = m_\odot - m = t_\odot - t$（$m_\odot$ 真太阳时，$t_\odot$ 真太阳时角）

由于真太阳周年视运动不均匀，而平太阳作均匀运动，时差的值每天都在变化，但与地点无关。每天的准确时差数值可以在中国天文年历太阳表中查到。

附图 17 上的 A 为平太阳，而真太阳的运动速度并不均匀，有时会落后于真太阳，如图上的 B，又有时会超前于平太阳，如图上的 C。

如图所示，真太阳位于 B 的位置时，时差为负；位于 C 的位置时，时差为正。

黄道

B A C

时差增大的日子真太阳日比平太阳日短，减小的日子真太阳日比平太阳日长。

时差为正值时，太阳上中天早于 12 点，日出早一些，日没也早一些。

附图 17　真太阳和平太阳

由于时差的存在，日出最早、日落最晚不是在夏至日，日出最晚、日落最早也不在冬至日，而且也不在同一天。

《天文爱好者》增刊中的太阳表 1 给出了逐日的时差。一年中时差最大时可达 16 分钟以上。

实践提示

计算基地（E116°4'2"）的地方时与北京时间的时间差

提示：经度每相差 1°，时间相差 4 分钟，东加西减。

基地＝北京时间－（120°－116°4'2"）×4m。

利用天象预报通过计算开展观测活动

请按照天象预报，制定日出和日没的观测计划：（以下所给为 UT）

春分（3 月 21 日）日出 6：03；日没 18：13；

夏至（6 月 22 日）日出 4：31；日没 19：33；

秋分（9 月 23 日）日出 5：48；日没 17：56；

冬至（12 月 22 日）日出 7：18；日没 16：39。

如果在这四个日子观测日出和日没，我们分别应该在北京时间几点准备观测？

提示：观测要提前一定时间做观测准备，还要注意地形因素，山体会有遮挡，使日出时刻延后，日落时刻提前。如附图 18 所示。

附图 18　日出

4. 时间计量设备

古时没有时钟，先民们过着"晨光理荒秽，带月荷锄归"的农耕生活。在年复一年辛勤劳作中，先民们从自然现象的变化中窥测到时辰的规律。据《史记》记载，黄帝使羲和占日（测日影），臾区占星气（观星宿），从而开始有了时间的观念。

从古至今，人们设计制作了各种计量时间的设备。主要包括：日晷；漏壶（一天误差约 10 分钟）；机械钟：水运仪象台、惠更斯摆钟、天文钟（误差千分之几秒）；石英钟（1929 年，300 年差 1 秒）；原子钟（1949 年，铯钟 500 万年差 1 秒）

未来展望：毫秒级脉冲星可与原子钟媲美，有可能使时间定义再回到宏观。

5. 日晷

日晷是中国古人利用太阳的周日视运动来确定时刻的计时工具。

日晷包括一个刻有时辰的晷面和一根或两根晷针。晷面还可以做成半球面形，晷针顶点位于球心，如元代郭守敬创制的仰仪就兼有球面日晷的作用。

在有太阳的时候，可以通过晷针投在晷面上的影子确定真太阳时。

日晷根据晷面安置的方向可分为地平式日晷、赤道式日晷、立晷、斜晷等类型。

地平式日晷水平放置，只有一只晷针指向北天极。如附图 19 所示。

最常见的日晷是赤道式日晷，晷面平行于天赤道，两根晷针分别在晷面的上下，垂直于晷面，即指向南北天极。

附图 19 地平式日晷

6. 十二时辰

中国古人将一日划分为十二个时辰，以十二地支命名，即：子、丑、寅、卯、辰、巳、午、未、申、酉、戌、亥。每个时辰分为四刻，即初、一刻、正、三刻。

子正为太阳下中天的时刻，午正为太阳上中天的时刻。子初为 23 时，子时一刻为 23 时 30 分，子正为 0 时，子时三刻为 0 时 30 分，依次类推。

实践提示

看赤道式日晷，时辰在日晷的晷面上是怎样排列的？如附图 20 所示。

日影现在投在日晷的哪一面上了？又指示着什么时辰？钟表现在是几点？

附图 20　赤道式日晷

五、历法

1. 阳历和公历

★阳历

人们通过观测太阳周年视运动制定的历法就是太阳历，简称阳历。

回归年

阳历的年是回归年，为太阳两次过春分点的时间间隔。

由于春分点的进动，回归年比恒星年短 0.0142 日（20m24s）。

1 回归年 = 365.2564 − 0.0142 = 365.2422（日）

春分点的进动

春分点不是固定不动的，春分点每年大约向西退行 50"。

★公历

现在世界通用的历法——公元纪年法（简称公历）就是阳历。

公历是欧洲人以传说中耶稣诞生之年为起始年，即公元元年（记为 AD1 年）。历史记载的在公元元年以前发生的事，就从公元元年往前推算，如在公元元年前一年，就是公元前 1 年（记为 BC1 年）。

公元前某年距今的年份差的计算公式：

年份差 = 公元年份 + 公元前的年份 − 1。

公历有平年和闰年，平年 365 天，闰年 366 天。

公历规定，一般的年份能被 4 整除的年份为闰年，整百的年份则是能被 400 整除的年份才闰。

公历每年 12 个月，每个月份的天数是固定的，大月 31 天，小月 30 天，2 月平年 28 天，闰年 29 天。

公历大小月的规定没有科学道理，只是长期以来约定俗成的。

公历把百年称作"世纪"。一个世纪又划分为 10 个阶段，每 10 年为一个阶段，称为"年代"，如"20 世纪 80 年代"就是 1980 年至 1989 年。

★世界历史丢了 10 天

古今中外，不同的时期，不同的国度，有过许多不同的纪年方法。

公元纪年是现在世界通用的纪年法，简称公元。但是在公元纪年中，时间并不是连续的。

公元纪年法实际上始于 16 世纪。当时，欧洲通用的历法是奥古斯都历，其前身是儒略历，创始于公元前 46 年。

奥古斯都历使用的平均历年长度为 365.25 日，有平年和闰年，平年 365 日，闰年 366 日，4 年一闰。

奥古斯都历比地球围绕太阳运行一周的实际时间（即回归年）长了 0.0078 日，别看这一点点误差，1600 多年过去了，误差就相当可观了，1582 年，春分已经从 3 月下旬提早到了 3 月 11 日。

为了修正历法的误差，10 月 4 日，教皇格列高利十三世（Gregorius ⅩⅢ）命令以次日为 10 月 15 日，并命人修订历法，以公元纪年为标准，以传说中耶稣诞生之年为起始年，即公元元年（1 年）。此种历法的全称为"格列高利历"，简称"格列历"。20 世纪 20 年代，公元纪年法成为了世界通行的历法。

实践提示

阳历与天象

看活动星图，上面标注的日期使用的是什么历法？

看阳历观测星座，你有什么发现？

看阳历观测月球，你又有什么发现？

2. 阴历和月相

★ 月相

月球自己不发光，我们看到月球明亮的部分是它被太阳照亮的部分。

就像地球一样，月球总是有一半区域被太阳照亮。如附图 21 所示，当这一半正好对着我们时，我们就会看到圆圆的月面；当月球被照亮的部分侧对着我们，就看到半个明亮的月亮——弦月；如果只有很少亮的部分朝着我们，就会是一个窄窄的月牙儿。

我们看到的月球形态与太阳、月球和地球的相对位置密切相关。

朔（初一）：月球与太阳黄经相等的时刻，如图上 8 的位置。

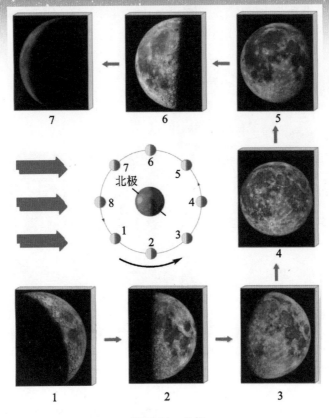

附图 21　月相

上弦：月球在太阳以东 90°，图上 2 的位置（见附图 22）。

望（十五）：月球与太阳黄经相差 180° 的时刻，图上 4 的位置。

下弦：月球在太阳以西 90°，图上 6 的位置。

★阴历

由于月相的变化是最容易观察的天象，而且，月相的变化又是非常有规律的，所以，古人以月相的变化制定了历法——太阴历。

★朔望月

一个朔望月平均为 29.53 日。

阴历的月与朔望月近似相等，以朔日为每个月的起点。

月有大小之分，大月 30 天，小月 29 天，一年 12 个月，约有 354 天。

由于阴历 12 个月的长度比实际的"年"短，为了使各个月总能体现一定的季节，阴历设置了闰月。

每 19 年中大约有 7 个闰月。

附图 22　上弦月

由于朔望月并非正好是 29.5 天，所以大小月的数量并不完全相等。每 19 年中有 110 个小月，125 个大月。

实践提示

阴历与天文观测的关系

天文观测必须要考虑月相，根据不同的观测目标，要考虑月相，选择观测日期。

如在朔前后两三天，是可以整夜观星的日子。上弦前后，适合下半夜观星，下弦前后，则适合上半夜观星。

一般初三开始可以看到月亮，偶尔可以在初二看到细细的新月。傍晚它在日落方向附近低空，很快它就会随太阳落下去。

上弦前后的月亮是最好看的，而望前后，既不适合观星，也不适合观月，因为满月时，由于没有明显的阴影，月面地形特征也就不够突出，很多细节都观察不到，也拍摄不到漂亮的月面照片。

3. 农历

我国是世界上最早制定历法的国家之一，早在 4000 多年前的黄帝时，就有了 365 又 1/4 天为一年的历法。

★农历的纪年

中国古代大约在 2800 多年前开始使用"帝号纪年"。也就是用帝王的称号来纪年，如周宣王当上国君了，就从他当上国王的那一年开始称作宣王元年。

帝号纪年在战乱年代和改朝换代时，会产生纪年的中断。所以，我国古人又使用干支纪年法。

天干：甲、乙、丙、丁、戊、己、庚、辛、壬、癸。

地支：子、丑、寅、卯、辰、巳、午、未、申、酉、戌、亥。

附图23 十二属相

天干和地支依顺序排列配合组成年号，以甲子年为开始，然后是乙丑年，依次类推，60 年一个轮回，所以，我国古人又称 60 年为"一个甲子"。

干支纪年法在我国历史上使用了 2000 多年，但是，因为 60 年就要重复一遍，为了避免混乱，还必须加上帝王的年号。

十二个地支每个都有一个相对应的动物，它们分别是：鼠、牛、虎、兔、龙、蛇、马、羊、猴、鸡、狗、猪，即属相（见附图 23）。当一个人出生于"子"年，他就属鼠，生于丑年，就属牛等等，十二年就是一轮。

虽然古代的纪年是 60 年一个"甲子"，但是，不管你是生于"甲子""丙子""戊子""庚子"，你的属相都是鼠。

★农历的月

农历的月是朔望月，以朔为每月的起点，即初一。每年 12 个月。月的名称第一个月为正月，最后一个月为腊月，其余的月都是按照序号排的。

农历也用十二地支纪月，方法是冬至所在的月为子，然后类推下去。原因是冬至黄昏斗柄指向正北，即子时方向，因此称其为子月。

最早的历法是冬至为一年的起始。后来随着朝代更替，历法修订，选定的年的起点虽有不同，干支纪年的方法却延续下来，没有变化。目前的正月是寅。

★农历的闰月

阴历符合了月球的变化，却难以对上太阳的运行变化，如果以阴历的月为基础，每年 12 个月只有 354~355 天，一年就要少了大约 11 天，为了解决阴历的这个问题，使用阴历的历法都有闰月。

农历置闰利用的是二十四节气。

农历规定，当某一个月中没有"中气"时，就把这个月作为"闰月"，如 2004 年农历二月后的那个月只有一个节气"清明"，而没有中气，就被称作"闰二月"。

这样，在农历中，阳历和阴历就很好地统一起来了，既照顾了月球的变化，又兼顾了地球绕太阳的运行，所以，我国的农历并非阴历，而是阴阳合历。

4. 二十四节气与农时

★二十四节气

节气始于商朝，最早只有四个节气，即冬至、春分、夏至、秋分。到了周朝时发展到了八个，到秦汉年间，已完全确立。公元前 104 年，由邓平等制定的《太初历》，正式把二十四节气订于历法，明确了二十四节气的天文位置，即将黄道平均分为 24 份，每份为 15°。从春分点开始，每隔 15°的那个点设一个节气，即二十四节气。当太阳运行到那个点时，就是交节时刻。

每过 24 个节气，就是一年。古代一年的开始是冬至。

二十四节气

立春、雨水、惊蛰、春分、清明、谷雨、立夏、小满、芒种、夏至、小暑、大暑、立秋、处暑、白露、秋分、寒露、霜降、立冬、小雪、大雪、冬至、小寒、大寒。

二十四节气歌

春雨惊春清谷天，夏满芒夏暑相连，秋处露秋寒霜降，冬雪雪冬小大寒。

节气和中气

在 24 节气中，12 个被叫做"节气"，12 个被叫做"中气"。节气和中气相间排列。

★ 节气与农时

节气是长期农耕发展过程中，积累起来的适当的耕作经验而逐渐形成的，能更好地体现气候的季节变化，为农民更好地准确抓住农耕的时机，获得更多的农业收获。

从二十四节气的命名就可以看出季节、气候及物候的变化。如立春、春分、立夏、夏至、立秋、秋分、立冬、冬至，体现的是季节更替；雨水、谷雨、小暑、大暑、处暑、白露、寒露、霜降、小雪、大雪、小寒、大寒，体现的是气候的雨雪寒暑变化；惊蛰、清明、小满、芒种则是和物候农耕最密切相关的。如附图 24 所示。

惊蛰是大部分昆虫开始活跃的时节；清明是草木返青，开始春播的时节；小满是小麦灌浆饱满的时节，要准备割麦子了；芒种则是夏播的时节。

有关节气，在我国各地流传着许多农谚，如"谷雨前后，种瓜点豆"；"白露早，寒露迟，秋分种麦正当时"等。

由于我国地域辽阔，不同地区气候差异显著，对于节气的利用也有不同。如下面的节令歌就是中原地区的节气与农时的写照，基本适合北京平原地区，但是对于延庆来说，一般春夏的农耕活动要错后一个，而入冬的景象则要提早一个节气。

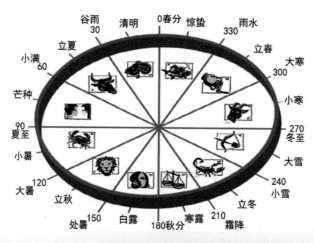

附图 24　节气与黄道星座

节令歌

打春阳气转，雨水沿河边。

惊蛰乌鸦叫，春分沥皮干。

清明忙种麦，谷雨种大田。

立夏鹅毛住，小满雀来全。

芒种五月节，夏至不纳棉。

小暑不算热，大暑三伏天。

立秋忙打靛，处暑动刀镰。

白露烟上架，秋分无生田。

寒露不算冷，霜降变了天。

立冬交十月，小雪地封严。

大雪河叉上，冬至不行船。

小寒进腊月，大寒又一年。

5. 儒略日

儒略日是以日计算的一种天文历法。方便于推算各种天象。

从儒略历公元前4713年1月1日（格里历BC4714年11月24日）中午12点起算，连续计算至今。

实践提示

节气与星空

通过节气与黄道十二宫的关系图，你能推算出今天傍晚可见的星空吗？

作一次实际观星活动，看看我们的推算准确度有多高。

想一想，如果是半夜观星，又会是怎样的？

本书特别配有线上阅读资源

● **科普视频**　7个天文观测科普视频，了解更多天文观测知识

● **高清原图**　11幅天文观测高清原图，随时随地领略星空之美

资源获取步骤

▶ 1. 扫描下方二维码。

▶ 2. 注册出版社会员。

▶ 3. 选择您需要的资源，点击获取。

线上问答

▶ 1. 扫描下方二维码。

▶ 2. 关注小鱼科普公众号。

▶ 3. 在后台提出您想咨询的问题。

▶ 4. 本书创作团队为您详细解答。